扬州公园城市研究丛书

扬州生态文明

金春林 主编

中国建材工业出版社

图书在版编目(CIP)数据

扬州生态文明 / 金春林主编. -- 北京 : 中国建材

工业出版社，2018.9

ISBN 978-7-5160-2392-1

Ⅰ.①扬… Ⅱ.①金… Ⅲ.①生态环境建设－介绍－

扬州 Ⅳ.①X321.253.3

中国版本图书馆CIP数据核字(2018)第195659号

内容简介

党的十八大以来，以习近平同志为核心的党中央站在坚持和发展中国特色社会主义、实现中华民族伟大复兴中国梦的战略高度，把生态文明建设和生态环境保护摆在治国理政的重要位置。习近平在2018年全国生态环境大会上指出生态文明建设是关系中华民族永续发展的根本大计。扬州作为江苏省率先提出"生态强市"发展战略的城市，多年来一直重视生态环境建设。

近年来，扬州市委、市政府带领全市人民以习近平生态文明思想为指引和根本遵循，在建设生态文明和美丽中国热潮中进行了积极探索与实践。

本书由南京大学专业人员与扬州市政府有关部门通力协作编写，把扬州市开展的美丽中国扬州样板建设实际进行总结与探讨，可作为生态文明建设领域党政干部、党校培训和专业人员管理、科研和教学的参考书。

扬州生态文明

金春林　主编

出版发行：中国建材工业出版社

地　　址：北京市海淀区三里河路1号

邮　　编：100044

经　　销：全国各地新华书店

印　　刷：江苏凤凰扬州鑫华印刷有限公司

开　　本：889mm×1194mm　1/16

印　　张：16

字　　数：320千字

版　　次：2018年9月第1版

印　　次：2018年9月第1次

定　　价：216.00元

本社网址：www.jccbs.com　　　　微信公众号：zgjcgycbs

本书如出现印装质量问题，由我社市场营销部负责调换。联系电话：（010）88386906

丛书编委会

总　序

　　城市让生活更美好，是中国 2010 年上海世界博览会的主题。城市是人类文明的结晶，城市不断创造出更适宜人类居住、生活的环境，不断创造出高质量的生活方式，是人类梦想不断实现的载体和平台。世界上每个城市都曾经做过各种各样的努力和探索，为世界提供了丰富多彩、特色鲜明的城市实践案例，积累成城市建设的技术与理论体系，成为人类文明的瑰宝和财富。作为中国历史文化名城的扬州，也在这方面做了许多成功的探索，有着许多经典作品，闻名世界的扬州古典园林就是一例。近年来，扬州在建设公园城市方面又研究出新理论，走出了新路径，形成了新特色，打造出了新经典。

　　目前，扬州已建成了 309 个各类开放式公园，其中综合公园 37 个，社区公园 185 个，专类公园 28 个，口袋公园 59 个，初步形成分布均衡、层次分明的公园体系，直接惠及 500 多个小区，150 万市民，市区人均拥有公园绿地 18.57 平方米，相当于每个市民都有一个"绿色客厅"。扬州在建设公园城市上走在了不少城市的前面，这既是因为扬州这座城市有丰厚的古典园林的积淀，有着极好造园传统和技艺，同时也是扬州市的主政者落实绿色发展，共享发展理念的成就，把公园城市和生态城市作为城市的定位和目标，把现代公园建设作为实现城市定位和目标的载体和保证。

　　因为工作关系，我多次去过扬州，通过实地考察和查询相关资料，我觉得扬州公园体系建设非常有特点，归纳起来有这几点：

　　1. 人民性。在公园体系建设中始终贯彻以人民为中心的理念，尽力为人民建设更多的优质生态公园，努力为市民打造宽敞、无障碍、全天候的健身锻炼和公共活动的空间，舍得把市区中心位置的好地段拿出来，舍得投入资金配置设施，舍得投入精力设计与谋划，一切以方便、服务市民为出发点，还绿于民、还景于民、还静于民，公园现在成了扬州市民休闲生活中离不开的重要场所，人民的满意是最好的诠释。

　　2. 文化性。扬州现代公园建设具有鲜明扬州地方特色，处处展示了扬州文化的传承和光大。将公园与城市文化设施结合起来更成为一种创意。宋夹城体育休闲公园本身就是一个考古遗址公园，把城市遗址的保护与公园建设完美地结合在一起。三湾公园的剪影桥更是应用扬州传统工艺剪纸的文化符号，成为公园内一道靓丽的风景线。城市书屋布点多个公园内，文化长廊、宣传栏、雕塑都表达了对传统文化的尊重。一些公园以弘扬传统文化为主题，阮元广场、院士广场、廉政文化广场等主题鲜明、文化意味浓厚。扬州公园体系建设能不断创造地方风格，借取西湖一角堪夸其瘦，移来金山半点何惜乎小。仿西湖者不能死学西湖，创造地方特色的公园体系才会生生不息。

3. 时代性。扬州公园城市建设的理念具有极强的时代性，既充分满足人民在新时代对美好生活向往的要求，也站在历史的高度，考虑到时代与社会结构、人们生产生活方式所发生的深刻变化，人们对改善提升生态绿色环境的重视，人们对运动场所更高的要求，公园体系建设把握住了这一时代趋势。扬州公园体系建设充分体现了住房城乡建设部在2017年提出的城市双修（即生态修补、城市修复）的意见。有计划、有步骤地修复被破坏的山体、河流、植被，通过一系列手段恢复城市生态系统的自我调节功能，同时通过改善城市公共服务质量，改进市政基础设施条件，发掘和保护历史文化和社会网络，城市功能体系及其承载的空间场所得到全面系统的修补、弥补和完善。扬州较早且敏锐地抓住了这个时代特点，大胆创新，在2015年就提出了公园体系建设的理念，有较强前瞻性。2017年，扬州被列为第三批城市双修试点城市，公园体系建设更是城市双修理念的具体实践之一。

4. 可持续性。扬州公园体系建设中非常注意可持续性。既有大、中、小各类公园的合理搭配，同时又注重彰显特色，避免"千园一面"，同时在公园建设中设计出了高水平的"留白"。为未来发展提供了空间。在建好公园的同时，又特别注重管好公园。2017年12月1日，扬州颁布、实施了《扬州市公园条例》，明确公园体系建设的法制化，为扬州市民的生态福利划下"红线"，对公园管理进行监督，确保公园高水平管理。公园的活动也丰富多彩，既有专业化运动活动，也有非商业性、非竞技性的群众体育活动，确保了公园的吸引力和人气。

作为国内首套公园城市理论与案例研究丛书，我非常愿意向业内同行推荐，从书中既可以看到扬州古典园林的文脉，又能了解到扬州现代公园建设的实践案例，更能领略到扬州作为生态城市的宏观画面，对这座精致、宜居的城市背后支撑的理论体系会更深入地理解。书中的文字、图片都极具专业性，是一本可供高校学生与研究人员、城市建设决策和实施者、公园建设的技术人员等学习借鉴的一本很好的参考书。

是以为序。

中国工程院院士　孟兆祯

2018年8月18日

前　言

绿水青山就是金山银山。

党的十八大以来，从山水林田湖草的"命运共同体"初具规模，到绿色发展理念融入生产生活，再到经济发展与生态改善实现良性互动，以习近平同志为核心的党中央将生态文明建设推向新高度，美丽中国新图景正徐徐展开。

扬州是一座生态特色鲜明、绿色底蕴深厚的城市。

自古扬州非安澜。筑邗城、开邗沟、兴漕运、种花树。扬州枕水而居、顺水而作、傍水而兴，厚植树木花草，一时美不胜收，故而有"烟花三月下扬州""千家养女先教曲，十里栽花算种田"的美誉。

绿杨城郭是历史的回响，绿满扬州是今天的写照。扬州与绿有缘、与绿结缘、伴绿而行、携绿运行。绿色贯穿扬州的历史和发展，融入扬州的血脉，成为扬州的生命和标志，使扬州成为永续发展、岁月见证的绿色城市。从"盼温饱"到"盼环保"，从"求生存"到"求生态"，人民群众对美好生活的向往在富起来、强起来之后，进一步追求"生态美"。近年来，扬州步履坚定走绿色发展之路，把生态贯穿在经济建设和社会发展的全过程中，取得了经济社会发展和生态文明建设的多赢，先后荣获联合国人居环境奖、国家环保模范城市、国家森林城市、国家水生态文明城市、国家生态市。一块块"金字招牌"，镌刻着扬州人践行生态文明的清晰足迹。

扬州的美，是可以触摸的；扬州的美，是人与自然和谐共生的礼赞；扬州的美，是自然的恩赐，是一代一代扬州人接力建设和奉献的智慧与汗水。在建设美丽中国的浪潮中，扬州理应有一席之地，理应成为美丽星空中的灿烂星座，美丽海洋中的激越浪花。

生态文明建设只有起点，没有终点。"使扬州更加宜居宜业、宜游宜创，真正把扬州建成一个高品质的城市、幸福的城市，要建设人们心目中的扬州，要满足世界人民对扬州的向往。"这是省委书记娄勤俭对扬州的殷殷嘱托。

当前，扬州正以奋斗者姿态打造一流生态，展示"绿杨城郭新扬州"的画卷。努力打造"绿水青山"与"金山银山"交相辉映的亮丽风景，致力打造"宜居宜游宜创"的城市品牌，让城市有"颜值"更有"气质"，让绿色成为扬州的城市底色、发展主色和鲜明特色，让生态成为市民的永续福利，努力打造美丽中国的扬州样板。

本书全面梳理了扬州近年来生态文明建设的做法和成效，系统总结了扬州生态文明建设的经验和探索，既给人以巡礼之感，更给人以思想启示。在驻足回首的间隙，我们看到了扬州源远流长的生态基因，生态底色的坚定守护，生态文明建设的深刻自觉，生态优先绿色领先的执着追求。扬州以独具特色的生态文明实践探索，建立了人与自然、城市与自然的亲密和谐关系，撰写了习近平生态文明思想的扬州注脚。于扬州，是高质量发展出发前的有益反思；于社会，是生态文明新跨越的难得样本。从此意义上讲，本书的出版是很有价值的。

目　录

第一章

奋力打造美丽中国的
扬州样板

图 1-1 中共扬州市委书记谢正义出席扬州市生态文明建设大会

第一节 自觉遵循和践行习近平生态文明思想

2018 年 5 月，全国生态环境保护大会在北京召开。习近平总书记出席会议并发表重要讲话，明确提出美丽中国建设的目标：确保到 2035 年，生态环境质量实现根本好转，美丽中国目标基本实现；到 21 世纪中叶，生态环境领域国家治理体系和治理能力现代化全面实现，建成美丽中国。至此，发轫于党的十八大的美丽中国建设目标成为习近平生态文明思想的重要标志，成为新时期我国生态文明建设的根本目标。

扬州是较早将"生态强市""生态立市"列入发展战略的城市，生态和文化一直被视为这座城市最宝贵的禀赋和底色，生态自觉推动扬州的接力前行，硕果累累。2014 年，扬州获得国家生态市，面对殊荣，扬州没有懈怠。在党的十八大精神指引下，2016 年，扬州市第七次党代会高擎"美丽中国"建设大旗，阐明提出"打造美丽中国的扬州样板"的生态文明建设新目标，以尊重自然、顺应自然和保护自然为根本，牢固树立、自觉践行绿色发展理念，以建设生态文明、推进绿色发展为主线，以建设"美丽宜居新扬州"为主题，推动城乡生态环境显著改善、生态系统稳定性显著增强、主体功能区和生态安全屏障基本形成，建成高水准、多层次、全覆盖的城市公园体系，努力创建国家生态文明建设示范市，奋力打造生态环境高质量、空间布局高水平、环境治理精准化、环境监管精细化、制度创新集成化的美丽中国扬州样板。

中共扬州市委书记谢正义用六个"第一"来诠释打造美丽中国的扬州样板对于扬州城市发展的深远意义，他指出，生态和文化，共同组成了扬州的第一品牌、第一特色、第一资产（图 1-1）。建设生态文明，打造美丽中国的扬州样板，是扬州各级党委、政府对人民群众的第一责任，是当代扬州人对子孙后代的第一责任，更是扬州这座长江运河交汇点、南水北调东线源头城市对全国人民的第一责任。

奋力打造美丽中国的扬州样板

第二节 美丽中国扬州样板的探索与实践

多年来，扬州市在生态文明建设上坚持目标引领、务实推进、久久为功，扣住民生需求，盯住打造样板，展开了广泛而深入的探索和实践，形成了独具特色的"美丽中国的扬州样板"。

近年来，扬州市依托得天独厚的生态环境资源禀赋，坚持"生态＋"理念，打出一串生态文明建设"组合牌"。聚焦"环境质量改善、生态功能强化、重大战略实施、人民群众满意"的目标，建成长江大保护的先行区、示范区，聚力推进长江大保护和江淮生态大走廊建设；抢抓申办 2021 年世界园艺博览会机遇，聚力打造彰显中国特色、突出扬州个性的城市公园体系；突出防洪水、引活水和控污水，聚力推动扬州水环境质量实现显著改善；强力治理"散乱污"企业，聚力推进供给侧结构性改革；探索农业农村生产方式和发展方式，聚力推进绿色城镇化建设、美丽乡村建设；发挥考核导向作用，聚力建立强有力的生态文明建设领导体制和工作机制；坚持把生态文明建设作为民生工程做实，按照"五可"（即可定义、可量化、可操作、可考核、可追究）标准实施生态文明建设项目，切实把生态优势转化为竞争优势、发展优势，推动美丽中国的扬州样板一步步走向现实模样。

扬州在历史上被誉为"淮左名都，竹西佳处"，江淮在此交汇，境内水网密布，生态敏感度高，生态区位重要，如何平衡生态环境保护与经济发展之间的关系，是扬州生态文明建设一直致力回答的课题。伴随 40 年的快速发展，扬州把城市美誉度、产业竞争力和市民幸福感始终置于生态文明视域下考量，较好协调了环境保护与经济发展，高质量发展与绿色底色的关系，全市生态文明建设取得了积极成效。

美丽中国的扬州样板建设可概括为"顶层设计""碧水""扬绿""提蓝""护江""生态文化传承"六大关键词。近年来，扬州的生态文明建设紧紧扣住这六大关键词，突出重点、全面攻坚，环境质量持续改善，生态资产持续增加，生态环境底色和优势进一步彰显，市民的环境获得感和满意度不断提升。扬州生态文明建设的新实践、新探索充分表明：社会经济的发展完全不可以牺牲自然环境为代价，遵循习近平生态文明思想，坚持绿水青山就是金山银山，是建设美丽中国的重要路径。

一、顶层设计提供导向

扬州为什么能够那么美？为什么能够在江苏第一个提出"生态强市"发展战略，率先实践"六个全省第一"（第一个提出建设"生态城市"、第一批被国家环保总局确定为全国生态市建设试点、第一批通过国家论证的地市级生态市建设规划、第一个创成全国生态示范区"一片绿"、第一个创新城市永久性绿地保护机制、第一个创成全国有机食品基地示范县），成为生态文明建设的佼佼者，关键首先是顶层设计。扬州坚持以顶层设计为导向，科学、合理地引导生态文明建设。正是这个根本的出发点，直接决定了扬州生态文明建设所取得的成就，也使得扬州的样板建设具有了示范性的意义。扬州通过顶层设计统筹了各层次和各要素，总揽全局，自上而下推动，从而为解决问题指明方向。顶层设计遵循系统全面、统筹协调、上下联动的基本原则。扬州市委、市政府为科学有效地发挥顶层设计的决定性导向作用，将生态文明建设摆在"五位一体"更加突出的位置，系统全面地进行全方位战略部署；政府、企业、社会三位一体，统筹协调生态文明建设任务；倾听底层百姓的愿望、诉求，重视百姓最关心的环境问题，落实"263"专项行动计划，上下

联动，科学把握重点攻坚任务。

扬州牢固树立生态文明理念，坚持尊重自然、顺应自然和保护自然，引导生态文明建设成为一种城市自觉，从不间断。2003 年，扬州第一版生态文明建设"顶层设计"是与德国合作编制并实施《扬州生态市建设规划》，正式开启了扬州生态文明建设。新时代新作为，扬州市委、市政府在建成国家生态市的基础上，提出建设国家生态文明试点示范区，第二版"顶层设计"应时而生，编制实施《扬州市生态文明建设规划（2014—2020 年）》，后续还出台了一系列生态环境建设规范性文件，扬州生态文明建设进入了新的征程。

水润扬州，水使得扬州这座千年古城富有飘逸浪漫的灵性和独具一格的个性。然而，往昔水安全问题也曾使扬州困惑。扬州城市积水点成功整治改造，积累了扬州水生态文明建设的经验。长期以来，我国经济建设和城市发展普遍以 GDP 论英雄。扬州坚持生态文明理念，注重发展内涵与质量，提出了"跳出古城看新城"这一战略举措。

我国不少城市在快速城市化过程中，往往地面"焕然一新""光鲜亮丽"，但地下工程却被忽视，城市河道断头，地下水道不通，老管道破损严重，管径太小，不能满足现在雨污水排放的要求，给城镇化快速发展留下了隐患。曾几何时，几场暴雨也给扬州敲响了水安全问题的警钟，内涝问题一度成为扬州人心中的积郁，城市排水系统设计标准太低成为扬州的"城市病"。2011 年，扬州市将建成"不淹不涝城市"写进市委、市政府民生幸福工程的"1 号

文件",自此拉开了以易积、易涝点为重点的积水点整治工程,对症下药地解决雨天道路积水问题,提升市民出行的安全幸福指数。实施包括雨水、污水分流改造,新设大管径雨水管道、污水管道;在积水点开挖沟渠,铺设水管,引水入河等一系列管网改造工程,成效显著,便民惠民。2011—2014年,扬州共整治积水点60多个;2015年整治的积水点数量降至8个,扬州主城区积水点整治任务全部完成;2016年,扬州开始将积水点整治从主干路向后街背巷延伸,由主城区向城市外围拓展,并完成5个积水点整治;2017年完成3个积水点整治,积水点改造收官,扬州积水点整治工程进入排查整治新阶段。通过7年的努力,扬州陆续重点完成了文昌路东方医院、文昌路翠岗小区南门、邗江北路等共70多个积水路段的整治,整治后的路段经受住了汛期强降雨的考验,深得扬州百姓好评。

现在,从城建的角度看,积水点整治美化了城市空间,为城市发展打好了基底;从民生的角度看,积水点整治改善了生存环境,为人民出行提供了便利;而从生态哲学的意义看,积水点整治过程诠释了人与自然、城市与环境这样一个生存和发展的当代主题。

积水点整治既是扬州建设生态文明的一角,也折射了这座城市对于遵循自然规律的深刻反思。填湖埋沟,收获的只有水涝;撤田建楼,留给后代的,可能是更多的环境隐患。积水点整治彰显了"顶层设计"在扬州生态文明建设中的导向性作用,为城市生态文明建设树立了一个不走或少走弯路的样本。

二、"碧水"工程为居民提供清洁水源

随着我国经济社会的快速发展,大多数城市的水生态环境状况不容乐观,河流生态系统结构和功能遭到损坏,给水生态系统的生物多样性与水资源的可持续利用造成了很大危害,也给城市居民的饮水安全和健康带来了严重威胁。对因水污染造成水生态破坏的水系进行治理,最大程度地恢复或补救受损水系的水生态功能,是城市现阶段生态文明建设必须要解决的一个难题。

扬州同样也存在水生态环境问题。在城市快速发展过程中,水污染防治工作相对滞后,存在污水处理标准不高、污水处理厂运转管理不到位,截污不彻底、排污口设置不合理、雨污分流不到位等众多因素,曾导致扬州水环境质量不高,出现黑臭河道问题。

治理水污染主要依靠控源截污和生态修复恢复两条技术途径,整治黑臭河道则是通往这两条技术途径的第一步。扬州市委、市政府对此十分重视。为加强黑臭水体整治,保护和改善城市水体环境,改善提升人居环境质量,扬州于2014年较早启动实施了市区黑臭水体整治行动,滚动实施,并逐步在全市域城镇推开。遵循自然规律,适用生态学思维,多管齐下整治黑臭河道,取得了明显成效。

治城先治水,碧水润扬城。扬州市把治水作为城市建设和发展的重大方略和先导战略,全方位发力治理水污染、保护水环境,实现"一泓清水绕扬城"新局面;保障水安全,打造"不淹不涝"新典范;优化水资源配置,打造"以江为

主、蓄引结合、江淮共济"新格局；修复水生态，实现"水韵扬州、生态宜居"高目标；传承水文化，打造"亲水宜居"新环境；构建水资源管理体系，追求"一龙治水"新局面。《人民日报》《光明日报》等主流媒体曾多次报道、宣传扬州"治城先治水"的工作经验，扬州已为平原水网地区水生态文明建设提供了"扬州经验"。

三、"植绿"工程为居民提供宜居空间

进入新时代，扬州着眼于更好满足人民群众对美好生活的需求，更加注重在经济社会发展中深入贯彻全面绿色发展、共享发展理念。绿色是扬州的底色，扬州城市宜居空间、公园体系建设把"绿杨城郭"推向新的时代，展示出新的独特魅力。扬州城市开放空间主要由城市绿地系统与城市生态网络体系组成，是衡量城市宜居品质和城市吸引力的一个重要方面。城市开放空间的建设有利于缓解城市居民的生活压力，是老百姓生活中不可或缺的第三空间，集休闲游憩、文化娱乐、陶冶情操、健身交友、科普教育、防灾避险等多种功能为一体，在维护城市生态平衡的同时，为居民提供休憩娱乐的空间，是扬州生态文明建设的重要举措。

近年来，扬州市将城市生态环境和园林绿化作为"宜居扬州"的重要标志和举措，列入为民办实事项目，将城市发展、生态建设与民生工程相结合，推进建设具有扬州特色的城市开放空间。扬州建设城市开放空间体系的总体思路：把城市公园作为推进美丽中国和健康中国建设，推进海绵城市和低碳城市建设的重要抓手，因地制宜，尊重场地原生性，建设覆盖城乡、均衡布局的城市公园体系，努力为广大市民打造宽敞、无障碍、全天候的健身锻炼和公共活动空间，提供优质的公共生态产品，推动扬州由园林城市向公园城市转变，为城市发展绘出一幅四通八达的"绿色网格"。截至2017年12月，扬州已建成开放市级中心公园10个、区级公园和社区公园126个、农村文体活动广场近1100个。市委、市政府"10分钟公园服务圈"，强化人民公园为人民的服务意识和功能定位，即市民步行10分钟可到社区公园、骑行10分钟可到区级公园、开车10分钟可到市级中心公园的"111"公园体系建设目标基本实现，以公园体系为主导的城市开放空间体系初见成效。扬州城市开放空间体系已成为展示市民活力的窗口和城市文明的标志，是构筑扬州底色浓墨重彩的一笔，也是最鲜明的一笔。为发扬、保护扬州底色，扬州市委、市政府投入大量的人力、物力、财力，不断厚植扬州绿色发展的根基，实施了一系列工程：划定生态红线，构筑生态安全屏障；保护永久绿地，守住居民活动空间；建设十大生态中心，优化城市生态格局；建设森林城市，提升城市生活品质。全市生态环境质量以及人民群众的环境获得感和满意度上了一个新台阶，绿色成为扬州人民的特有幸福指数。

四、"蓝天"工程为居民提供清洁空气

进入新世纪第二个十年，我国多地大气污

染问题日益凸显,已成为影响人民生活质量的重要因素。城市大气污染不但严重影响城市居民的身心健康,影响到城市的投资环境和形象。党的十九大明确提出着力解决突出环境问题,持续实施大气污染防治行动,坚决打赢蓝天保卫战。城市大气污染治理是一项系统性的工程,需要在分析其污染物概况和来源的基础上,有针对性地提出防治对策。城市化造成的城市复合型大气污染问题不仅表现在其他地区,扬州也同样不能幸免。近年来,扬州城市大气污染特征从传统的燃煤型污染向煤烟、交通复合型污染转变,区域性灰霾和臭氧问题日益突出,工业污染是最主要的大气污染源之一,其防治也是扬州大气环境治理的重要内容。扬州工业污染治理的基本思路是:实施能耗、煤耗总量双控,倒逼企业转型升级,同时,大力整治突出问题,调整产业结构,淘汰落后产能,严控"高耗能、高排放"行业新增,关闭搬迁重污染企,开展市直企业特别是重污染企业"退城进园"行动。同时,优化能源结构,控制煤炭消费总量,治理挥发性有机物污染,削减大气污染物总量。

扬州"蓝天"工程中工业污染治理是重要环节,同时,扬州市贯彻落实国务院"大气十条",以"治企、限煤、管车、抑尘、禁燃"为系统举措,实行"五气"同治、联防联控:区域联防,统一行动促进空气质量改善;源头防治,调整优化产业结构;提标改造,综合整治重点大户;禁燃禁烟,综合整治城乡环境;管车控车,防治机动车船污染;抑尘消尘,全面防治扬尘污染;科学防控,精准监测空气质量。

面对大气污染的严峻形势,扬州市把呼吸新鲜空气摆上生态文明建设的头版头条,全方位深度推进"蓝天工程","扬州蓝"正在加速回归。

五、"清水"工程为扬州提供生态屏障

江淮生态大走廊建设是一项复杂的系统工程,涉及范围较广。它以京杭大运河为主干线,以南水北调东线工程输水线路所流经的地级市为主要范围,涉及江苏省扬州、泰州、淮安、宿迁和徐州五市,串连起长江淮河两大水系,是长江、淮河与京杭大运河交汇带,我国东部地区重要的生态屏障,也是南水北调东线工程最重要的水源地和清水走廊,意义重大。而扬州既是南水北调东线取水源头城市,又地处长江运河交汇处,毫无疑问在江淮生态大走廊建设战略工程中更是扮演着不可或缺的角色。

2014 年,扬州率先提出建设江淮生态大走廊的构想,把扬州境内的长江、大运河沿线,连同贯穿其间的宝应湖、高邮湖、邵伯湖等重要水体,构成一个生态大走廊,从而夯实扬州绿色发展之基,确保"南水北调"一江清水北送。2016 年,江苏省政府工作报告明确建设江淮生态大走廊,作为"十三五"时期江苏省重大战略之一。

扬州作为南水北调东线取水源头的城市,自觉打造清水廊道,护佑一江清水北上,率先启动江淮生态大走廊规划建设,着力构建跨度长、体量大、质量高、支撑性强、具有扬州特色的江淮生态走廊暨南水北调东线安全防护带,

守护好长江、淮河、南水北调东线水源地，打造沿江、沿海生态屏障。对于大走廊沿线地区的发展之路，扬州以生态文明、绿色发展为核心，重点打好"生态牌、文化牌、城市牌"，实施系列工程，构建江淮生态大走廊体系：促进产业转型升级，实现清洁生产；治理河流、湖泊，保护清洁水源；建设公园体系和生态中心，优化生态空间；建设生态廊道、生态屏障，维系生态安全；整治农村环境，覆盖生态建设；建设基础设施，提升整体效益；加强环境管理，提升监管水平。建设江淮生态大走廊，打造和谐共生新高地，扬州在区域性合作发展的生态文明建设中以高标准、高要求标杆立帜，提供了强有力的先行示范。

六、传承生态文化引领未来

生态文化是文明进步的产物和标志，是从人征服自然的观念转变为人与自然和谐共处的生态文明理念，是习近平生态文明思想的重要组成部分。生态文化建设的重要核心在于尊重自然、顺应自然、保护自然，传承、发扬城市文化。扬州传承优秀生态文化历史传统，创新现代生态文明模式——"生态 + 文化"，弘扬生态理念，传承城市文化内涵。扬州水文化资源优势十分明显。在扬州生态文化传承体系中，水生态文化传承尤为突出，以"古运河申遗"最为典型。

生态和文化是大运河的生命和灵魂。2014年 6 月 22 日，"中国大运河"被列入联合国《世界文化遗产名录》，见证了扬州对大运河生态环境修复和人文景观传承发展的建设成效。2017年 2 月 1 日，为了加强大运河扬州段世界文化遗产保护，履行对《保护世界文化与自然遗产公约》的责任和义务，扬州市开始实施《大运河扬州段世界文化遗产保护办法》。2017 年 8 月，扬州市委市政府召开全市大运河文化带建设工作动员会，争做运河生态文明建设的示范，打造"生态之河"。

扬州以"古运河申遗"为建设背景，找准抓手、排定项目，紧紧围绕"保护好、传承好、利用好"的总体要求，在大运河沿线重点片区规划建设以"一馆多园"为代表的系列重大项目，坚定而务实地推进大运河文化带建设。生态文化源远流长，古今文明交相辉映，扬州打造生态文化传承的典范城市：传承水生态文化、修复历史遗存（古城、古井、大运河文化带）、创建生态文明（历史文化名城、森林城市、生态文明建设示范区、联合国人居奖城市）、创新生态环境制度。

回顾美丽中国扬州样板的探索与实践之路，可以发现长期以来，扬州始终把维护群众的环境利益，满足群众的环境需求，建设美丽宜居新扬州作为生态文明建设的出发点和落脚点，扬州以自觉的生态行动和绿色作为，把作出了城市的绿色宣言：贯彻习近平生态文明思想，建设美丽中国，扬州不会缺席，也不会停步。以生态环境破坏为代价的发展不是成功的发展，以牺牲老百姓美好生活需要为代价的发展是错误的选择。建设生态文明，归根结底是为了人类的永续发展，良好的自然生态是人民美好生活需求不可或缺的要素。

第三节 美丽中国扬州样板的主要特点

扬州在生态文明建设上的自觉行动和追求，深深得益于当地党委、政府的责任意识和长远眼光。他们自觉把生态文明建设作为国家责任、社会责任，积极致力于做生态文明建设的排头兵。以"生态强市"发展战略为引领，扬州市逐步走出一条经济发展、环境优化、民生改善的生态文明建设新路子，宜居、宜游、宜业的城市特质愈益彰显，扬州百姓的绿色生态福利不断增加。

党的十八大以来，扬州把打造美丽中国的扬州样板作为生态文明建设的新坐标，继续砥砺前行，进行一系列顶层设计战略谋划，贯彻绿识，落实绿动，生态文明建设成效显著、亮点纷呈。

一、节能减排效果明显提升

近年来，扬州市扎实推进"263"专项行动，把节能减排作为生态文明建设的重要抓手，实行结构调整、技术进步、管理创新"三管齐下"，铁腕治污、刚性降耗。坚决淘汰高能耗、高污染落后产能，扶持清洁循环产业发展，发展环保科技产业园；持续加大节能环保技术、循环利用技术、可再生资源技术以及新型节能建材等新技术、新产品的推广应用，抓好重点领域、行业的节能工程，如：加强建设节水型社会；建立健全节能和污染减排监测、统计、考核三大管理体系。截至 2017 年，扬州市超额完成省定 32 万吨减煤任务，关停化工企业 103 家，完成市区 27 条、县（市）9 条黑臭水体整治，圆满完成省环保督察迎检任务，完成大气"国十条"考核目标，$PM_{2.5}$ 年均浓度较 2013 年下降 22.9%。同时，全市污水处理量由 2012 年的 12617 万吨提高到 13645 万吨，污水处理率由 2012 年的 82% 提高到 89.33%。

二、城乡人居环境明显改善

近年来，扬州市以国家生态市创建为抓手，加快环境基础设施建设，大大改善了城乡生态环境面貌，先后实现了全市乡镇污水处理设施、生活垃圾转运体系、医疗废物集中处置、区域供水"四个全覆盖"。通过政府推动、部门联动、全民行动，扬州走出了一条具有自身特色的生态文明建设之路，"绿满扬州"全民行动成为扬州品牌，受到国家和省有关部门的充分肯定。创建为民、创建惠民，扬州生态建设释放出正能量，生财富、惠民生，得到市民拥护，全民参与生态文明建设氛围在全市已越来越浓厚。

扬州市在江苏省率先提出建设"生态城市"，第一个确立"生态强市"的发展战略。21世纪初与德国政府合作规划建设扬州生态城市，实施了一系列工程措施，有效维护城市的生态平衡，使人类与周边环境协调发展，实现城市可持续地健康发展。规划建设期间，扬州市在人力、物力、财力、政策上不遗余力地投资环境保护重点建设工程，先后实施生态工业与清洁生产工程、生态农业工程、"南水北调"东线源头治污工程、绿杨城郭与生态廊道建设工程、城镇污水垃圾处理与城乡河道"碧水"工程、城市能源结构调整与"蓝天"工程、城市交通生态化建设工程、城镇生态住宅建设工程、历史文化与优秀人文生态保护工程、城乡环保能力建设工程十大类重点示范工程，项目总数达148个，投资总额193.25亿元，极大地改善了扬州市人民居住的生活环境、产业生产空间，推动了扬州市生态文明建设的进程，取得了显著成效，先后获得国家生态市、国家生态示范区、全国历史文化名城、国家森林城市、全国文明城市、联合国人居环境奖城市、国家环保模范城市、国家园林城市、全国优秀旅游城市等多项称号。

三、让市民感受到良好生态环境是最普惠的民生福祉

在席卷中国的城市化建设浪潮中，扬州坚守住了城市的个性，彰显了"人文、生态、精致、宜居"的城市特质。为了达到"要让老百姓喝上干净水、吃上放心菜、呼吸上新鲜空气、有稳定的就业"的美好愿景，扬州始终坚持"生态是最基本的民生，最基本的民生往往是最重要的民生"。为了让老百姓"喝上干净水"，扬州大力实施供水工程，实现区域供水全覆盖，保证扬州百姓都能喝上干净、安全的长江水和运河水；为了让老百姓"吃上放心菜"，扬州实施"1161菜篮子工程"，即城区100万人口每人每天吃1斤蔬菜，60%产自本地和新增1万亩的蔬菜基地；为了让老百姓"呼吸上新鲜空气"，扬州大力推进国家森林城市、国家生态市创建；为让老百姓"有稳定的就业"，扬州加快建设"15分钟就业服务圈"，积极打造充分就业城市，增设各类就业服务机构。

四、秉持人与自然和谐共生和治城先治水理念

多年来，扬州坚持人与自然和谐共生，提

出并探索"治城先治水"的发展经验。累计投资数以百亿计的资金，实施"源头活水""控污截污"工程，建设"不淹不涝""清水活水"城市，努力构建人与水和谐共处、水与城和谐相应、城与人和谐共生的水生态文明新图景。2018年出台了《扬州市生态河湖行动计划（2018—2020年）》，将通过实施水安全保障、水资源保护、水污染防治、水环境治理、水生态修复、水文化建设、水工程管护、水制度创新等行动，全面落实水资源承载能力刚性约束，为高水平全面建成小康社会、实现"强富美高"新扬州提供有力支撑和基础保障。

五、打造四大重点生态工程

扬州坚持生态立市，建设令人向往幸福之城，重点打造"生态中心、生态廊道、生态家园、生态产业"四大工程。

一是在全市各辖区市县，科学选定区域，规划建设生态中心，打造山水林田湖草生命共同体，强调人与自然和谐发展，分为城市小型生态中心和大型生态中心（面积达 $10km^2$ 量级），它们与小游园不一样，生态中心所覆盖的区域要比小游园大，内容也更丰富。如扬州高邮市，打造东湖湿地生态中心，造林350亩，建设葡萄园100亩、高志生态园200亩，同时加强湿地保护。

二是着力建设生态廊道，加强保护生物多样性，促进物种之间的交流。随着社会经济发展，一些地方原有的生态廊道被分裂，通过建设生态廊道，可以把分裂的廊道重新连接起来。

生态廊道的建设，要因地制宜。总体而言，与一般的绿化带相比，生态廊道体量大、绿化量大、物种更丰富。如扬州江都区，建设高水河生态廊道，绿化宽度每侧就达到 70 ～ 80m。

三是把城市建成生态家园。一座生态城市就是一个生态大家园；从小范围而言，一个居民小区就是一个生态小家园。扬州在全市各个空间尺度上全面建设生态家园，既从全市大环境整体谋划，也注重一家一户的细节生态营造。生态家园的建设因地制宜，坚持人与自然和谐共生。做到尊重自然、顺应自然、保护自然，像保护眼睛一样保护生态环境，像对待生命一样对待生态环境，推动形成人与自然和谐发展的现代化建设新格局，还自然以宁静、和谐、美丽。

四是坚持绿水青山就是金山银山，大力发展生态产业，对工业、农业和服务业全方位生态化引领与改造，注重对传统产业的升级改造，大力发展生态经济、循环经济、低碳经济；在生态型农业、循环型工业、生态环保第三产业等方面树立了节能减排的榜样。通过政府引导、法律规范、政策扶持、科技支撑、公众参与逐步探索良性经济运行机制，三产比例不断优化，由2000年的13.5：53：33.5 转变为2017年的5.2：48.9：45.9，第三产业比例大幅升高。

六、构建城市公园体系

扬州将城市发展、生态建设、民生工程相结合，建设因地制宜规模的生态开敞空间，在人口比较集中的地方建设生态体育休闲公园，集生态涵养、体育健身、休闲娱乐等功能于一体，在老城区等空间比较狭窄的地方见缝插针地建设"口袋公园"，从大型生态中心、生态体育休闲公园到"口袋公园"，建设兼具生态公园、健身休闲公园、社会交流平台、文化建设载体、城市避灾广场和城市步行交通枢纽等多功能于一体的城市公园体系。在实际操作过程中，扬州秉持以人为本的建设理念，即以老百姓的需求作为生态公园规划建设的关键与核心，以老百姓的满意度作为评判标准，重点推进公园化、园林化改造，坚持现代开放公园的形制要求，融入扬州传统园林的建筑元素，建设具有扬州特色的现代公园体系。

七、建设江淮生态大走廊

顺应长江大保护和南水北调需求，扬州率先提出江淮生态大走廊建设战略与规划，水绿并进，严治严控，重点推进产业转型升级工程、清水活水工程、良好湖泊保护工程、公园体系和生态中心建设工程、生态廊道和生态屏障建设工程、农村环境综合整治工程、基础设施建设工程、环境监管能力提升工程等，精准建设和谐共生绿色通道，该战略已纳入国家《长江经济带生态环境保护规划》。

扬州探索出了生态兴则文明兴，绿水青山就是金山银山，人与自然和谐共生，建设美丽扬州全民行动的实践经验，通过环境治理精准化、环境监管精细化、制度创新集成化，实现生态环境持续高质量、国土开发空间各局不断优化的生态文明建设"扬州样板"。"顶层设计""碧水""植绿""蓝天""清水"和"生态文化传承"六大关键词构成了美丽中国扬州样板建设的主要特色。扬州生态文明建设的样板探索之路表明：美丽中国扬州样板遵循习近平生态文明思想，充分验证了良好生态环境是最普惠民、最受欢迎的民生福祉。全面建成小康社会，必须坚决补齐这一短板，践行新时代习近平生态文明思想，不仅检验一个地方党委政府的政治站位，而且检验他们现代治理的智慧和担当。

第二章

治城先治水
碧水润扬城

扬州，无论是淮左名都、江河之城、滨江之城，皆表明与水结下的不解之缘。昔日水曾托起扬州这座"经济之都"、文化之城，未来水仍是滋养实力扬州、文化扬州、生态扬州的不息源泉。扬州地处江淮交汇处，自古依水而建、缘水而兴、因水而美，境内河湖众多、水网密布、生态资源丰富，全市水域广阔，面积达1832km²，占市域总面积的27.6%。既得江淮之利，更负保护之责，扬州因其独特的地理位置，由南向北是国家南水北调东线"一江清水往北送"的输水通道，供水覆盖3省71县（市）近1亿人，由北向南"一河清水南入江"是淮河70%的水的入江通道，对长江大保护至关重要。

随着工业化、城镇化进程的加快，经济社会快速发展与水资源、水环境承载能力之间的矛盾逐渐显现，局部地区水污染加重、水生态功能退化，成为影响和制约经济社会可持续发展的瓶颈。不缺水，但缺好水，这话听起来不免尴尬，但的确是一些丰水地区城市经济高速发展多年后不得不面对的现实困境。2013年12月，南水北调东线一期工程正式从扬州江都水利枢纽开闸提水，经沿线13座泵站逐级提升，一泓清水一路奔涌向北。清水廊道关乎这京津冀鲁地区亿万人口的饮水安全，扬州面临的治水保水任务艰巨，水环境治理上升到了新的战略高度，成为生态文明建设的重中之重。

党的十八大首次把生态文明建设纳入经济建设、政治建设、文化建设、社会建设"五位一体"的发展格局，提出努力建设美丽中国，实现中华民族永续发展。两个月后，水利部2013年1号文件发出《关于加快推进水生态文明建设工作的意见》。意见明确，拟选择一批基础条件较好、代表性和典型性较强的城市，开展水生态文明建设试点工作，探索符合我国水资源、水生态条件的水生态文明建设模式。文件发布让扬州人看到了其中的契机，当时的扬州正为一项重大的民生问题苦苦寻求解决方案——据监测，城区44条主要

河道中有35条水质为劣Ⅴ类。民生为上，治水为要，扬州紧抓契机乘势而上，争取列入试点。一方面，扬州立即着手紧抓开展申报的各项前期工作，另一方面，中共扬州市委书记谢正义两次带队赴水利部汇报，陈述扬州建设水生态文明城市的决心和工作基础。同年12月扬州市委六届六次全会上，市委、市政府审时度势，从可持续发展和惠及民生的高度，在全省率先提出了"治城先治水"的战略理念。中共扬州市委书记谢正义指出，扬州将水视作城市发展最宝贵的资源、最独特的品牌和人民群众最基本的民生福利，这次试点建设是对扬州探索推进水生态文明建设的更高期许。治城必先治水，把水生态文明放在扬州生态文明建设的重中之重和头版头条，是扬州四套班子取得的共识。后来的故事印证了扬州的决心不是心血来潮，也不是一时兴起。"治城先治水"是扬州市委市政府科学研判城市可持续发展和民生福祉需求作出的重大战略抉择。

坚持"治城先治水"，扬州通过编制《扬州水生态文明建设规划》《扬州市城市"清水活水"综合整治三年行动方案》，因地制宜、科学规划重点流域、"黑臭"河道和农村河塘整治，改善水环境，建设水景观，弘扬水文化等措施强化系统治水；通过发布《关于切实加强全市水环境保护的决议》，定期开展专项执法检查和专题询问，促进重点、难点问题的解决，实现依法治水；通过成立一把手市长为组长、市直各相关部门和各县（市、区）负责人为成员的长江流域、淮河流域暨南水北调水污染防治工作领导小组，并专门成立市区"清水活水"综合整治工作领导小组，以及从环保、建设、水利部门抽调11位骨干集中办公等行动，推动形成合力治水。同时，在全国水生态文明城市建设试点开展以来，扬州市紧抓契机，乘势而上，精心部署，根据其城市特点明确了"外防、内排、活水、治淮"的治水方针，首发尝试探索和推进水生态文明城市建设试点，

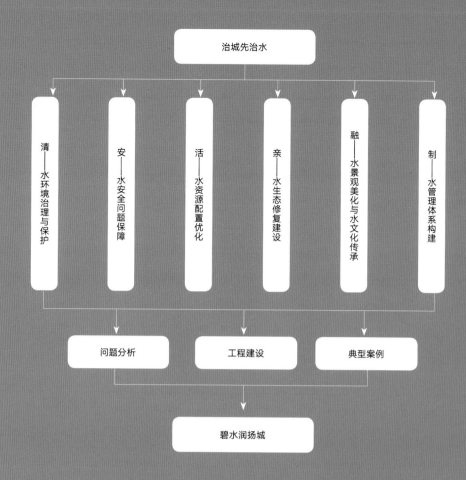

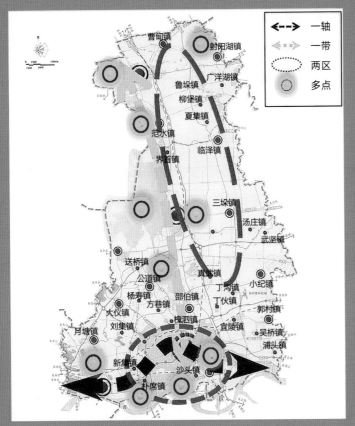

图例
◄--►	一轴
◄▦▦►	一带
⬭	两区
◎	多点

曹甸镇
射阳湖镇
广洋湖镇
鲁垛镇
柳堡镇
夏集镇
范水镇
临泽镇
界首镇
三垛镇
汤庄镇
武坚镇
送桥镇
真武镇
公道镇
丁沟镇
小纪镇
杨寿镇
邵伯镇
丁伙镇
大仪镇
方巷镇
槐泗镇
郭村镇
月塘镇
刘集镇
宜陵镇
吴桥镇
新集镇
浦头镇
沙头镇
头桥镇

图 2-1 扬州市水生态文明建设总体布局

打造平原水网地区水生态文明城市建设的扬州样板。

扬州市按照"一轴、一带、两区、多点"的水生态文明城市建设格局，如图 2-1 所示，其中：

"一轴"——以南水北调输水干线为主轴，保护与修复京杭大运河、淮河入江水道沿线生态环境，保障供水水质安全，打造江淮生态廊道；

"一带"——以沿江城市集中发展区为带，合理利用岸线，控制污染，加强沿江岸线保护，保障沿江城镇防洪安全与供水安全，协调沿江经济发展与水生态保护关系；

"两区"——以中心城区和里下河地区为重点区域，通过实施城区防洪排涝、清水活水、控污截污工程，实现"不淹不涝"，改善城市水环境；通过实施区域排涝、河道疏浚、灌区改造、农业面源污染治理等工程，保障里下河地区排涝通畅，改善农村水环境；

"多点"——以湿地、湖泊湖荡等重点水生态功能保护区为节点，开展水生态保护与修复，发挥其生态功能；保护京杭大运河等历史文化遗产，打造水景观，建设水利风景区，弘扬水文化。

围绕构建"水生态保护与修复、水安全保障、水资源配置、水环境保护、水文化和水景观、水管理"的六大体系，大力实施"水环境综合治理、污水处理、防洪除涝、饮水安全、水资源调配、节水、护水、水源涵养林建设与水土保持、重要生态保护与维护、水文化与水景观"的十大工程。

近年来，扬州以水生态文明试点城市建设为契机，把南水北调东线工程扬州境内输水沿线 340km^2 范围划定为核心保护区，治污、防污、监管、涵养多管齐下，大力实施植树造林和生态湿地恢复，全力打造清水廊道，投资 100 亿元实施"清水活水"工程，实现城区河流活水清水全覆盖。"不淹不涝""清水活水"等清水

保水工程是扬州改革开放以来市本级一次性投入最多、范围最广、惠及人数最多的单项重大基础工程和民生工程。2017 年，扬州的清水保水工程取得重大进展，基本实现"河畅、水清、岸绿、景美"的愿景，初步探索出"以治城先治水为理念，水系连通、清水活水为途径，江河安澜、水净景美为目标，传承文化、古今辉映为责任，还水于民、人水和谐共发展"的水生态文明城市建设的"扬州模式"。

扬州依托水资源禀赋和区域文化特色，将生态理念、系统思维贯穿到各个环节，形成"治城先治水、治水重清水、清水需活水、活水要护水、护水必节水"的系统建设模式，为平原水网地区水生态文明建设提供"扬州经验"。除此之外，其试点建设的社会效益显著，2015 年 8 月以来，央视《新闻联播》多次聚焦扬州水生态文明城市建设，《人民日报》《光明日报》《扬州日报》等主流媒体多次宣传、点赞"治城先治水"的工作经验。"治城先治水"获选中国水利 2015 年度"基层治水十大经验"。2017 年全国水利厅、局长会议上，水利部陈雷部长对扬州水生态文明城市建设工作给予充分肯定，并明确要求大力推广扬州河湖水系连通的做法和经验。

第一节 水环境治理与保护——"清"

突出"清"，提供水环境系统治理借鉴。

在城市形成与发展初期，繁茂的水系与城市道路一同承担着城市人口、物资、信息与外界的交换流通，奠定了深厚的水文化底蕴。随着城市化的急剧加快和生产生活方式的变革，原有的水运交通逐步被发达的现代化道路取代，一系列产业结构及土地利用方式的改变随之发生，加之发展过程中的不合理开发、围垦、肆意排污等现象，使众多城市产生了湖泊数量锐减、水环境恶化、水生态功能降低等水环境问题。城市水体的封闭或者半封闭状态使得其多呈静态水体交换差，其水质根据不同的地域表现出非一致性，其浅水位使得水质分布不随深度有明显改变，导致其表现出较小的环境容量和更脆弱的生态修复能力。因此，协调城市生态建设与发展，需从亟待解决的城市水环境污染治理与研究下手，探讨治理思路。水环境综合治理，需综合运用生态清淤、控源截污等措施，分阶段整治城市河道，同时注重区域化联动治理，强化农村河道治理，并加大污水处理力度用以保障水处理能力。

自2014年以来，扬州市委从关注民生、执政为民的角度提出了"治城先治水、治水先治污、治污先截污"的理念。中共扬州市委书记谢正义强调，"清水活水"工程是重大民生工程，也是事关城市发展的基础工程、效益工程。面对老旧小区雨污混流、地下管网混搭、城乡部分河道水体黑臭等突出问题，扬州坚持做到治水必先治污，严格排水口审批，有计划实施截污控污工程。按照"治城先治水，根治在污水"的思路，扬州市制定《扬州城市"清水活水"综合整治三年行动方案》《加快推进城区黑臭河道整治工作方案》，用3年时间，按照"清淤黑臭河道，加强控污截污，畅通水网水系"的根本要求，坚持"一河一策"原则，以解决黑臭河道的活水源头为重点，突出主干河道和主干管道治理，强化排污截污、调水引流、定期清淤、生态治理等举措，有计划、分步骤推进整治，努力实现了"一泓清水绕扬城"的局面。

水生态文明城市试点建设期间，扬州市以"碧水工程"为起点，完善了水环境治理与保护体系，取得了显著成效。在城镇污水处理工程建设方面，扬州市中心城区、江都区、宝应县经济开发区分别新增污水处理能力5万立方米/日、4万立方米/日、2万立方米/日；完成宝应县、江都区污水处理厂一期提标改造工程，新增处理规模2万立方米/日；建设配套污水管网221km。黑臭水体治理成效显著，通过编制实施《扬州市黑臭水体整治实施方案》，2017年全市完成黑臭水体治理项目36个，在控源截污方面，建成城镇污水收集管网203.5km，落实《入河排污口监督管理办法》，加强排污口整治与监管，建立健全入河排污口管理档案，复核全市规模以上入河排污口55个，并逐一落实监测。实施污水达标处理提标扩容工程，完成汤汪污水处理厂（18万吨/日）、仪征实康污水处理厂一级A提标改造工作，实现全市县级以上城镇污水处理厂一级A尾水排放全覆盖，全市污水处理量由2012年的12617万吨提高到13645万吨，污水处理率由2012年的82%提高到89.33%。对于城乡河塘水环境综合整治，综合运用生态清淤技术，分阶段对30多条城市河道、2300多条县乡河道以及3.2万条（面）村庄河塘进行疏浚整治，全市农村河道疏浚实现全覆盖。省控水功能区水质达标率由63.4%提高到75.6%。对于高宝邵伯湖水环境治理，扬州市切实实施"一湖一策"，编制高邮湖、宝应湖、邵伯湖《生态环境保护规划》，获得省级批复并组织实施。编制实施高邮湖近大汕退水闸等4个断面达标整治方案，开展入湖河道排查，摸清27条主要入湖河道现状，启动实施高邮市状元沟水环境整治工程、邗江区老人沟整治工程，同时，扎实推进"三退三还"，高宝邵伯湖清退围网养殖6.5万亩，湖心区水质类别得到提升，到2017年底，高邮湖心区、宝应湖心区、邵伯湖心区水质分别达到Ⅱ类、Ⅳ类、Ⅳ类（图2-2）。

一、水环境问题分析——发展保护

由于历史原因，扬州市过去曾面临局部水环境问题突出的难题，水污染未能得到有效控制，水功能区水质亟须提升，虽逐步重视污染防治工作，开展了部分治污工程，但由于城市发展迅速，相应的污染防治工作却相对滞后，出现了污水处理标准不高、污水处理厂运转管理不到位、截污不彻底、排污口设置不合理、水生态修复工程滞后等诸多问题，导致城市水体功能运用不当，水环境质量不高，2012年扬州市水功能区水质达标率仅为56.4%，Ⅴ类及劣Ⅴ类水功能区水质断面占21.7%，城市性河道污染最为严重，水质较差。

二、水环境综合整治

"十二五"期间到"十三五"前期，扬州市针对水环境问题加强保护与治理工作，通过提

图2-2 扬州日报宣传点赞"清水活水"工程

高城镇污水处理率、河道整治、实施污染源减量排放、重点整治水质不达标水功能区河流等综合治理工程，消除了城市劣Ⅴ类河道，明显改善了市域内的水环境质量。

主要做法：

（一）城镇污水处理

在水环境污染防治方面，扬州以严格控制污染物排放量为基础，逐步提高生活污水的处理能力。

水生态试点建设期末（2017年），扬州市完成中心城区六圩污水处理厂三期工程，新增污水处理能力5万立方米/日，新建污水管网50km；完成江都区清源污水处理厂二期工程，新增污水处理能力4万立方米/日，建设配套管网60km；完成宝应县仙荷污水处理一期提标改造工程，将原出水水质指标由《城镇污水排放标准》GB 18918—2002排放标准一级B提高至一级A；仪征实康污水处理厂2座污水处理厂一级A提标改造，全市县级以上城镇污水处理厂达到一级A排放标准，总计完成新增配套污水管网221km。启动汤汪污水处理厂扩容工程，完成高邮海潮污水处理厂和湖西污水处理厂扩容提标改造、高邮开发区污水处理厂和江都郭村镇污水处理厂二期工程。启动江都晴川污水处理厂、空港新城污水处理厂、宝应柳堡镇污水处理厂等一批乡镇污水处理厂建设前期准备工作，2017年实现150个行政村污水处理设施覆盖任务。全市污水处理率由2012年的82%提高到89.33%；省控水功能区水质达标率由63.4%提高到75.6%。

扬州市水生态文明试点期间通过新建污水处理厂工程、污水处理厂提标改造工程、截污管网完善工程三大工程建设，提高城镇污水收集、处理率及排放标准，减少污染物入河量，切实改善了城市水环境质量。

（二）河道整治

城市河道改善内源污染常见的方法就是河底疏浚，清淤作为改善水质常见的物理方法其作用效益巨大。由于能将湖体的污染沉积物永久去除，河道清淤广泛用于城市黑臭河道治理。在我国长江中下游和云贵高原，许多湖泊通过实施河底清淤，结合生态修复进行城市水体综合治理，达到了不错的成效。常见的城市河道生态修复主要表现在河道环境整治过程中保留足够的生态绿带，在河道两侧设置一定宽度的滨河生态绿带，加强城区河道两侧环境绿化，发挥河道及滨河带生态调节功能。

扬州市河网密布，其区域骨干河道377条，共2033.2km，其中一级河道17条258.97km；二级河道23条347.43km；三级河道63条435.51km；四级河道275条991.29km。充分查找河道污染问题，对症下药是保障河道整治工作扎实有效推进的关键，依据2012年扬州市水功能区水质监测数据，扬州市在水生态文明试点建设期间，将城区河道及水质出现Ⅴ类及劣Ⅴ类的总长约720km共36条河流（湖泊）列为近期及中远期河流水质提升整治工程的重点。对宝带河、念四河、杨庄河、新城河、四望亭河、玉带河、北城河、二道河、沙施河、漕河、邗沟河、安墩河等采用生态清淤技术进行河道内源污染消除，清淤工程于2016年底全部完成（图2-3）。

图 2-3 漕河、邗沟河清淤河道整治后实景图

针对重点提升河道，扬州市在清淤的基础上进一步开展河道修复：明确河道及河岸污染物后，利用控污来改善河流水质与水文情势；利用恢复河流的纵向连续性和横向连通性及修复河道内生物栖息地来改善河流地貌特征；通过保护河流及护岸珍稀物种，根据河流水质现状种植植物和放养动物来恢复生物多样性；通过严禁在河流两岸的坡地开垦农田，减少河流面源污染等。2017年，扬州市通过以上措施积极推进市区农村河道疏浚整治工程，完成区级河道22条、镇级河道195条疏浚整治；完成张纲河环境综合整治工程，清淤河道2km，整治驳岸4km，建设截污管网、河道亲水平台和水保绿化带。全市9个地表水国考断面达标率达100%，优良比例达77.8%，无劣V类水体；32个省考断面水质达标率达93.75%，优良比例达71.9%，无劣V类水体；8个城市河流省考断面水质达标率达100%；13个城市集中式饮用水水源地水质全部达到或优于Ⅲ类；11个地下水监测点位中，优良2个、良好4个、较好1个、较差4个，均达年度考核要求。

与此同时，自江苏"263"整治行动开展以来，扬州紧跟步伐再接再厉，将整治计划通过主流媒体向社会进行公示，接受社会监督。通过指导各地认真调查分析黑臭水体具体成因，建立城市黑臭水体档案，扬州针对重点黑臭河道加强整治，截至2017年年底，省考核扬州市12个黑臭水体整治项目全部完成，同时完成市"263"黑臭水体整治项目35个，黑臭河道整治成效显著。对于长江大保护专项工作，于同年编制完成《扬州市黑臭水体治理专项行动实施方案》。长江流域水功能区达标率由2015年57.1%提升到2017年65.2%，实现逐年稳步提升（图2-4）。

扬州自水生态文明城市建设以来，以全面推行"河长制"来促进河道的长效管护，用"以保促整"的思想保障了河道整治成果的持续有效性。从无到有，从有到精，从2013年市、县两级出台

图 2-4 童套河整治前后对比图

了加强河道管理"河长制"工作意见,全面推行"河长制",到 2016 年年底,"河长"实现全覆盖,全市共落实"河长"2200 人。2017 年,根据国家、省要求,扬州市进一步完善了"河长制"实施意见。此外,扬州市还通过先后出台骨干河道、农村河道管护市级奖补资金管理办法等,明确资金来源、规范资金使用。市政府每年从土地出让收益中安排奖补资金 1 亿元,用于全市河道管护的奖补,各县(市、区)、乡镇落实财政专项资金近 3 亿元,用于辖区内河道管护。合理的根据工作量进行人员配置是保障工作稳步有效进行的关建,对于河道管护,扬州采取按照水面无漂浮物、岸坡无垃圾的要求,要求各地根据河道长度、塘口数量、管护难度核定工作量,确定管护人员或聘请保洁公司承担河道管护。因此,目前全市拥有河道保洁人员近 1 万名,社会化率超过九成,同时,对市直管河道保洁船只全部安装 GPS 定位系统,实行动态监控,提高了保洁实效。

(三)污染源减排

有效控制污染源,减少污水与废水排放量是污染防治的最有效措施。据调查分析,造成扬州市地表水环境污染的主要污染源包括点源和面源,点源主要来源于生活污水和工业废水排放,而面源污染主要产生于农业生产,要想有效控制污染,须针对不同的污染源制定相应的治理措施。

针对工业污染,扬州市组织人员考察调研,在全面摸清化工企业分布、产能、环保等信息基础上,制定实施关停并转的分类整治方案,鼓励有条件的企业抓紧进入专业化工园区发展,对园区外,禁止一切新建、扩建化工项目。保护清水廊道是扬州市水环境治理的目标,控污减源是保障清水廊道的关键,对此,扬州行动果决,动员力量全面关闭两条清水输送廊道两侧 1km 范围内的化工、印染、制革、电镀等重污染企业,关闭或搬迁未取得合法手续的港口、码头、排污口。探索控制过程中，扬州通过开展全市化工企业"四个一批"专项行动，关停搬迁化工企业 103 家；通过围绕化工、建材、金属压延、造船等重点行业，以大中型企业和能耗高、污染大的企业为重点，推进重点行业企业清洁生产，完成了 39 家企业强制性清洁生产审核，成功减少物料、能量消耗和污染物的排放。控污仅是治标，治本还需加大监管力度，通过加大 9 个省级以上工业集聚区污水集中处理和在线监控设施监管力度，推进化工园区专项整治；通过定期开展整治情况通报、专家定期检查点评等机制，保质保量地完成了综合整治任务，扬州工业污染通过标本兼治得到了有效控制，探索实践取得显著的成效。

生活污水排放也是构成城市水环境污染的压力之一，提高节水器具普及率，能有效降低生活污水排放量。扬州市针对生活污水减排提出公共场所用水必须使用节水型用水器具，居民家庭也应使用采取节水措施的用水器具。

农业方面，扬州通过实施农业高效节水，倡导生态农业减少农业面源污染。扬州市养殖业发达，养殖业占农业总产值比重为 47.5%，其中宝应县荷藕、河蟹、生猪，高邮的高邮鸭、罗氏沼虾、扬州鹅，江都的花木、蔬菜，仪征的茶果和邗江的畜禽养殖均为特色农业养殖，针对各县市区特点农业，扬州市制定了不同的污染治理措施，使减少农业面源污染建设更加高效。通过积极推广科学施肥用药，大力发展有机农业，投放垃圾桶，建设垃圾池、垃圾中转站，配置密封垃圾运输车辆和垃圾中转设备

等设施保障城乡环境卫生。此外，各区（市、县）加强水产养殖污染防治，合理确定水产养殖规模和布局，严格控制围网养殖面积，推广循环水养殖、不断投饵养殖等生态养殖技术，显著减少了水产养殖污染，在江都区、宝应县各建成一个池塘循环水养殖技术示范工程。规范畜禽养殖也是农业面源污染防治的有效措施，2017 年年底，扬州市完成禁养区畜禽养殖场关闭搬迁任务，累计关闭禁养区内畜禽养殖场（户）844 家；现存的 483 家规模养殖企业，均制定污染治理方案，规模养殖场污染治理设施配套率达 66%。另一方面，通过推广粪肥综合利用技术，全市畜禽粪污利用率达 95% 以上；推广化肥农药减量增效技术和使用高效、低毒、低残留农药，全市高效、低毒、低残留农药使用覆盖率达 83%。一系列生态农业措施实施对农业面源污染防治取得了显著成效。

三、水环境管控保护

"治"先发，"护"保驾，扬州市通过对水功能区和河湖水域的空间管控及保护，加强重要水域的排污口整治等护水行动为水环境治理护航助力。针对水环境保护，扬州市强调法制保障，2013 年，扬州市组织编制《扬州市水生态文明建设总体规划（2014—2020 年）》，并在全省率先出台实施。通过出台《扬州市生态红线区域保护规划》，调整"生态红线"，优化调整全市生态功能区划，形成自然保护区、饮用水源保护区、洪水调蓄区等 11 大类、70

个区域，总面积 1325.2km²，较调整前增加28.05km²。通过出台《扬州市城市蓝线规划》，划定"城市蓝线"，将水体分为河道、水库和湖泊湿地（包括公园湿地）三大类，同时明确蓝线保护范围内严禁五大活动、五种行为，为防止城市水系功能退化拉上了保护警戒线。同时，市人大以决议形式设立"四控一禁"（严控廊道宽度、建筑高度、开发强度和污染排放，禁止违法建设），将"七河八岛"空间划分为禁止建设区、限制建设区和适宜建设区三类；2014 年市人大出台《关于加强水环境保护和大气污染防治的决议》，每年对各县（市、区）及相关部门执行决议情况开展督查、质询和问题督办；2015 年出台《城市"清水活水"综合整治工程管理办法》，对雨污分流、排污口管理等作了明确规定；2016 年，扬州市以地方立法，制定《扬州市河道管理条例》，并于 2017 年 1 月 1 日正式实施。多年来不断完善的法制管护，全面加强了扬州的水环境保护和治理。

（一）水功能区保护

依据地表水环境分类，保护区是对水资源保护、自然生态系统及珍稀濒危物种的保护有重要意义的水域；饮用水源区为城镇生活用水集中供水的水域，保护区及饮用水源区应以水环境保护为主，降低污染风险。扬州市地表水功能区包括 3 处饮用水源区和 14 处保护区。由于饮用水源区及保护区主要功能为饮用、农业、工业、渔业，其中工业用水以取水为主，废水经过处理后要求达标排放，农业用水中灌溉退水对水域会造成一定的污染，渔业养殖过程中，

投放的饵料和药剂对水域污染比较严重，并且治理难度大。因此，结合水功能区保护要点，扬州市明确其建设重点为逐步削弱饮用水源区渔业养殖功能，严格控制或减少渔业养殖面积和养殖数量，实施生态养殖，科学投放饵料，降低渔业养殖造成的河湖污染，同时，提高保护区农田灌溉利用系数，减少农田灌溉退水对水域造成的污染。另外，及时将新增水域划入水功能区管理范畴，明确水域功能、水质目标及水功能区管理范围。扬州从水体需求入手，采取相应的保护措施，切实提升了水功能区的管理效率。

（二）河湖水域空间管控

河湖水域占据了城市地表水的大部分比例，其水环境保护是不容忽视的重点。扬州市明确要点，指出水环境保护需根据河道蓝线控制线方案，提高河湖水域空间管理控制。严格按照河道规划控制线，整治河道和修建控制引导河水流向、保护堤岸的工程，以及涉及河道的各类建设项目。同时，通过禁止围湖造地，禁止在河道湖泊内采用圈圩方式从事水产养殖；禁止擅自填堵河沟塘坝等水域；禁止擅自填堵、占用或拆除江河故道、旧堤和原有防洪工程设施；在城市截污管网覆盖的地区，不得设置入河排污口等法制规范建设，对市域内河湖水域的空间管控划定了明确的界限，指导性得给出水域空间管控的方向。

（三）排污口整治与管理

排污口整治是保障饮用水水源地水质、南

水北调引水线安全、水功能区水质达标的关键措施。扬州市在整治过程中明确提出以市域禁止设置入河排污口水域清单、各水功能区功能为主要依据，调整入河排污口，加大已设排污口的整合力度，重点加强供水水源地和骨干输水、引水河道沿线的排污口整治。

由于工业废水对水环境影响较大，治理困难，需将工业用水功能区以及以工业用水为主的水功能区内的入河排污口为监督重点，提高自动化监测能力。同时，对于未纳入市政管网的入河排污口，将其并入城市污水收集管线，统一收集、处理及再生利用，在水功能区内实施入河排污口整治。由于扬州特殊的地理位置，对于重点区域的排污口整治十分重要，因此整治过程中，扬州市将调水保护区、南水北调引水沿线、无水环境纳污容量区域中的排污口实施了跨区搬迁工程，虽然工程巨大，但此行动是延续长效生态价值以及实现城市永续发展，让扬州延续发扬水系古城风貌必然采取的举措。

四、典型案例

扬州市在水环境治理与保护上严格按照规划实施保护，全面打造滨水景观岸线，结合城市防洪堤堰建设，通过河岸生态改造、岸线绿化、生态控制、景观建设等措施，提升水体水质，优化河道生态环境，形成长效管护机制。扬州市是一座水韵古城，河流水系是扬州文化的体现与表达，对水环境的综合整治，扬州除了常规的河道疏浚、堤防加固外，本着对历史

对文化的尊重，还采用陆域植被恢复、水体生态修复工程技术，将河流整治打造成为以水为媒的城区"水景大观园"，重现历史画卷，高标准打造人与自然和谐相处，游客和市民共享的世界级公园。

【案例 2-1】张纲河北段环境综合整治工程

（1）基本情况：张纲河位于江都城区东部，北起团结河，南至向阳河，全长约 4.0km，是江都区城区南北向的主要排涝通道，张纲河河道以宁通高速为界分南、北两段。张纲河属于通南高沙土地区排涝河网中的一条重要活水河道，同时也是城区江水北引南排主要通道，排涝区域面积为 20km²。张纲河河道存在普遍淤积、局部河段坍塌、河道侵占严重等显现，经过对张纲河北段 2km 河道及 4km 护岸的整治，疏浚河道、新建堤防和挡墙护岸、新建亲水平台以及堤防水保绿化等措施，北段河道环境得到改善（图 2-5、图 2-6）。

（2）建设内容：工程主要对张纲河北段（团结河—宁通高速）2km 河道及 4km 护岸进行整治，具体建设内容包括疏浚河道、新建堤防和挡墙护岸、新建亲水平台以及堤防水保绿化。

（3）完成情况：对张纲河北段 2km 河道及 4km 护岸的整治，疏浚河道、新建堤防和挡墙护岸、新建亲水平台以及堤防水保绿化。工程试点期内完成投资 1.5 亿元。

（4）工程效益：扩大了河道过流能力，提高了区域防洪、排涝标准，并使区域环境得到

图 2-5 张纲河整治前   图 2-6 张纲河整治后   图 2-7 槐泗河支流濠田河整治前后对比图

改善，为该区域居民提供了舒适的休闲、娱乐活动空间。

（5）示范作用：为改善城市副中心区水生态环境、提升开发建设品味、提高地块开发利用价值的类似地区，提供典型示范案例。

【案例 2-2】槐泗河流域综合整治工程

（1）基本情况：槐泗河位于扬州市北郊，东与邵伯湖相通，干流流经西湖、甘泉、槐泗、平山、城北等乡镇，全长 16km，流域面积 75.5km²，流域范围内主要有小水库 4 座，分别为姚湾水库、余桥水库、香巷水库、荷叶水库。槐泗河开挖于 1974—1982 年，它不仅改善灌溉了 3.6 万亩农田，免除沿河两岸 9000 亩低洼冲田及圩田一般性洪涝灾害，同时也是两岸渔民们赖以生计的养殖鱼塘的水源。但由于城市发展，地面下垫面的变化导致汇流加快，洪峰流量增加，原为农田水利开挖的标准不能适应城市防洪标准；另一方面流域内雨污水收集系统不完善，河道沿线截污、排污设施滞后于开发建设，大量工业废水、生活污水直接排放导致槐泗河水质不断下降，整体上水功能丧失。作为城市北郊的防洪屏障、生态屏障，槐泗河的功能已经受到了严重破坏，对槐泗河进行全面治理是迫在眉睫的（图 2-7）。

（2）建设内容：槐泗河综合整治工程包括防洪工程、补水工程、引水工程以及水污染控制工程。其中防洪工程包括：槐泗河堤防加固、槐泗河干河疏浚整治、支河整治、坑塘清淤以及配套建筑物工程。补水工程包括拆建现有的一座 1 级补水站，远期、远景年分别新建一座 1 级补水泵站。应急补水工程重点新建槐泗河应急补水线，保证槐泗河流域内生态用水。水污染控制工程包括：污水沿河截流、底泥清淤、初期雨水污染物末端去除、溢流污水污染物末端去除、水体生态浮床、局部脉冲曝气生物接触氧化、污水管网改造及农村居住区小型污水处理工程。

（3）完成情况：槐泗河是扬州市西北分区的重要组成部分，经济总量大。市委、市政府将槐泗河综合整治列入扬州市 2016 年重大项目，由于工程涉及面广量大、资金投资等限制，槐泗河流域治理分期实施、依次推进。前期对槐泗河支流濠田河清淤整治，实施槐泗河干河（扬天路至老人沟段）5.14km 及槐泗河支流尚桥冲（司徒庙路至槐泗河段）5.27km 截污管网建设，并新建 10000m³/d 污水提升泵站 2 座。

（4）工程效益：槐泗河综合整治不仅是城市防洪建设和环境治理工程，也是重要的水生态建设工程。通过该工程实施，不仅使城市防洪标准提高到 20 年一遇，同时可构建和重建槐泗河水域生态系统、保障水域系统稳定，为农业灌溉用水、城市水生态水环境提供有力保障。槐泗河整治工程实施后，可达到"防洪安全、排水顺畅、水质达标"的建设目标，为该地区经济可持续发展提供支撑。

（5）示范作用：为快速城市化流域提升防洪标准、开展综合整治提供经验。

第二节 水安全问题保障 ——“安”

聚焦“安”，打造“不淹不涝”示范城市。

水具有特殊的品质，它既有排山倒海的气势，又有波澜不惊的平和；既有一往无前的奔流，又有点滴入微的渗透；既有浩渺无际的壮阔，又有涓涓而淌的细流，接受它好的品质，改良它坏的脾气是河网城市建设的保障，合理的“水安全”建设有助于构建新意义的人水共生新城市。“水安全”即通过逐步改善全市水生态系统服务功能，提高生态系统的缓冲能力，从而使城市防洪排涝成效以及饮水安全得到保障。扬州地处江淮下游，千百年来，滚滚长江，滔滔淮水，举世闻名的京杭大运河，均汇流于扬州城下，特殊的地理位置，使得扬州市防洪除涝安全问题十分重要。当下扬州市的水安全保障体系主要包括防洪除涝工程保障体系和饮水安全保障体系。水安全保障体系是扬州市水生态文明建设的基础，是实现水生态文明城市的重要保障。

自开展水生态文明试点建设以来，扬州市水安全保障体系不断完善，其中包括：完成整治淮河入江水道堤防近 200km，防洪标准达到百年一遇；长江扬州段，防洪标准达到 50 年一遇；西北部丘陵山区，依靠沿山河和润扬河工程，打通了主城区西北部山洪下泄入江的通道，切实提高了“外防”标准。主城区先后完成 43 个积水点整治工程，整治受淹面积 33.2km²，铺设排水管道超过 80km；实施乌塔沟、龙河整治工程，有效地解决了主城区西北部行洪不畅问题；投资建设的瓜洲外排泵站，彻底解决了扬州城市涝水外排问题，全面提升了“外排”能力。实现了区域供水全覆盖，切实提高了饮水安全保障水平。同时，扬州市在此期间回购关闭 484 座小水厂，城乡供水实现“同网、同源、同价、同质”，解决了 164.8 万农村人口的饮水安全问题，完善了“供水”建设，全面保障了饮水安全。

在 2015 年发布的中国城市竞争力蓝皮书中，扬州的排水管道密度指数居全国第 17 位、全省第 3 位。中心城区防洪除涝达标率由 74% 提高到85.67%。到 2016 年城乡居民生活用水和工业用水保证率由 96% 提高到 98%，流域防洪达标率由 82.0% 提高到 95.5%。在近年遭遇的暴雨袭击中，特别是 2016 年长江堤防经受 50 年以来第二高潮位的考验，在涝水外排受阻的情况下，主城区没有发生积水，经受了最有说服力的实践检验。

一、解决水安全问题

扬州依水而建，千百年来，虽因水而兴，却也曾为水所扰，更有"洪水走廊"之称。其外围受长江、淮河入江水道过境洪水影响，内部河湖密布，水系发达，且随着城市建设发展，硬化面积增多、径流加大，加之老河道填埋较多，河道自然排蓄能力被削弱，地下管网建设又不完善，管道强排能力不足，内涝问题一度尤为突出。

雨水漫城，积水扰民。2010 年，一场大暴雨之后，扬州市内金湾路、西区大润发、完美路等处一片汪洋，网友争晒"水漫扬城"的照片，并戏称"到扬州来看海"。城市内涝问题凸显，扬州市水量安全保障问题得到市委、市领导的高度重视。

水患不除，扬城难安。2011 年，扬州市将建成"不淹不涝城市"写进市委、市政府民生幸福工程的"1 号文件"。至此，扬州市每年的"1 号文件"，都把"治水"摆在民生实事工程重中之重的位置。政府协调各部门，动员全体扬州市民，全面启动"不淹不涝"的城市建设。

开展水生态文明试点建设前，扬州通过三次大规模治淮、江堤全面除险加固、区域骨干河道治理和城市防洪排涝等工程的建设，扬州

的流域、区域、城市的防洪排涝工程体系框架逐步形成，防洪减灾工程能力得到逐步增强。2012 年，扬州市长江干堤防洪能力基本达到《长江流域综合规划》标准（相当于 50 年一遇），长江河势初步得到整治，淮河干流防洪基本达到 50 年一遇的标准。扬州中心城区防洪标准达到 20 年一遇，县城防洪标准 10 ~ 20 年一遇。区域防洪基本达到 10 年一遇的标准；区域排涝，里下河和沿江地区基本达到 5 年一遇，通南高沙土区仅能达到 5 年一遇，沿湖圩区仅 3 年一遇标准，丘陵山地冲涧行水能力不足 5 年一遇。

与防洪排涝保障体系相比，扬州市饮水安全保障体系相对完善。自 2005 年以来，扬州市连续开展饮用水水源地保护专项工作，共取缔码头、造船厂 30 多家，关、整治企业 30 多家，关停数家水上加油站、船舶费油回收站，取缔多艘水上餐饮船，搬迁垃圾场 2 个。2005 年至 2012 年期间，各饮用水水源地水质状况基本达到饮水标准，非汛期水质好于汛期，主要是汛期由于淮河上游沿途污染源的存在对里运河及入江水道的水质影响较大，特别是淮河水位超出警戒行洪期间，扬州境内各饮用水水源地均有不同程度项目超标。长江扬州段常年水质基本保持在 III 类，无突发性水污染事件发生的情况下，水质状况良好。

二、"不淹不涝"城市建设

继 2012 年防洪除涝建设工程初显成效后，在水生态文明试点建设要求下，2013 年扬州市

委市政府在深入调研和分析扬州市水生态文明面临主要问题的基础上，组织制定基础资料详实、目标明确、技术路线合理的《扬州市水生态文明建设总体规划（2014—2020年）》，依规行事，防洪排涝工程建设有章可循，为下一步的防洪除涝工程建设指明了方向。试点建设前，扬州市明确城市防洪除涝工程体系框架已设，工程达标建设将在试点建设期间成为防洪除涝工程保障体系的建设重点，并以此提出建设计划和目标：通过持续推进沿江城镇带防洪除涝工程体系，保障中心城市外围防洪除涝安全；进一步加强淮河入江水道和运河一线治理，加快骨干水系建设；同时加快推进"不淹不涝"工程建设，消除城区主要积水点，全面提升中心城区排涝能力。对症下药方可药到病除，不负众望，扬州至试点期末（2017年），其工程达标建设效果凸显，实现流域防洪达标率提高到90%，中心城区防洪除涝达标率达到85%的目标。

扬州市在以往经验和试点建设的探索过程中意识到城市防洪是一项复杂的社会系统工程，规模大，耗费多，有时受各种条件限制，单靠工程措施往往不能彻底、有效地解决洪涝旱灾害问题，必须实行工程措施为基础，管理体系等非工程措施为辅助，彼此和谐统一。

【专栏2-1】防洪排涝

1. "不淹不涝"工程体系：突出重点，提升改造

1）流域防洪

流域防洪除涝以解决流域洪涝水外防为重点。

扬州市对于其所管辖领域的长江流域防洪以"固堤防，守节点，稳河势，止江坍"为原则，加固尚未达标的长江堤防，稳定河势。重点实施了长江堤防和病险涵闸除险加固工程，治理镇扬河段和扬中河段，使河势得到稳定；对于淮河流域防洪则依托入江水道治理，以"蓄泄兼筹，以泄为主"为方针，开展治淮工程建设，通过恢复巩固行洪流量12000 m³/s的能力，加固沿线防洪工程。具体的工程主要体现在：实施归江河道裸堤段防护、加高培厚局部凹段堤防、继续抛护治理历史坍段，提高防洪能力；通过长江、淮河入江水道、京杭运河等流域性堤防，构筑扬州市中心城区外围的防洪屏障。

扬州市水系流域发达，河道护堤众多，为合理有效解决护堤占用从而有效利用护堤防洪，扬州创新性提出护堤地永久征用赔偿机制。赔偿机制认定除按规划工程项目划定规划保留区外，为有效保护行洪河道和堤防，将堤防堤脚以外一定范围（一级堤防30m，二级堤防20m，三级堤防10m，三级以下堤防5～10m）划为护堤地，进行确权划界，由堤防管理部门统一管理；并在护堤地以外，划定宽度不小于100m作为堤防工程保护范围，保护范围内的任何工程建设活动不得危害堤防工程的安全。根据扬州市实际情况，对于护堤防护针对已建成区结合城市改造已逐步达到要求，新区必须按上款要求留足范围进行建设。

加固流域沿线防洪工程保障了行洪安全，堤岸防护稳固了防洪屏障，创新机制保护了行洪通道，扬州以解决流域洪水外防为重点开展流域防洪建设，在后来的实践检验中表明了其

工程的有效性和部署的准确性，是一次成功尝试，对于同类型的涵盖多流域的水网城市的流域防洪控制也具有一定的可复制性。

2）区域防洪

区域防洪除涝以解决区域洪涝水外排为重点。

扬州市区域防洪依托区域治理和中小河治理提高骨干河道的防洪除涝标准，同时借助面上的农田水利工程，提高圩堤挡洪能力和圩内排涝标准。以江淮分水岭、归江控制线、乌塔沟、润扬河、新通扬运河等分割独立的防洪保护圈，通过干支河整治、堤防达标、建筑物除险、稳定河势、增加区域滞蓄水面等措施完善中心城区的"三区七片"防洪保护圈。在中心城区则以古运河、仪扬河东段作为城区专用的雨涝通道，通过仪扬河东闸和古运河外排大站使城区洪涝分开，彻底解决江淮高水位时主城区的排水问题；对于其他分区，在完善防洪圈的基础上，通过内部河道治理、水系沟通、增加外排动力、扩挖水面等措施提高治涝标准，最终形成以因地制宜分区改善的仪邗片、通南片、里下河片、高宝湖片四片区，达到分区域整治，联动防洪排涝的新格局。

扬州稳抓重点的前提下，利用区域内水系特点，通过明确河流水系通道的行洪能力和水势走向与城市区域建设之间的关系，合理划分区域防洪重点；通过河道清淤和扩挖水面等方式连通各河道，提升行洪标准；通过分片区因地治理到各片区联动调控的方式，最终极大地提高了区域防洪能力。

3）城市防洪排涝

城市以提高中心城区防洪除涝标准为重点。

扬州市城市防洪排涝依据各区地形水系特点，科学划分出中心城区西片、中心城区东片（江都）、高邮城区、仪征城区、宝应城区，采取分片控制、分区治理的措施。依托流域和区域治理工程，在完善防洪保护圈的同时，通过干支河整治、增加排涝动力、扩大滞蓄水面、控制内河水位等措施提高了城市防洪除涝标准。

4）积水点整治

以易积易涝点为重点，完善"不淹不涝"城市建设工程。

对照"海绵城市"建设标准，扬州市同步实施防洪河道整治和排涝闸站配建，大力推进易淹易涝片区改造，修复水体生态，迅速提高城市道路排涝能力，切实保障了城市正常生产和生活秩序。易涝点整治是保障城市有序运行的重点，扬州市突破城市积水点方面，通过大面积调查研究，明确易涝点遗留的历史问题，对症下药，重点开展实施文汇西路（新城河—扬子江路）、扬子江北路（扬州天下东门、税务党校前）、文昌西路（翠岗南门）、文昌西路[邗江中路至润扬中路、江都南路（广陵环卫处段）]等20处积水点整治工程。通过易积易涝点的综合整治，扬州市的"不淹不涝"城市建设工程得到进一步完善，民生安全问题得到全面保障。

5）闸站建设

闸站建设以重要河流新扩建为重点。

提高城市行洪能力，沟通水系河网需要合

理布局建设闸站，闸站建设对于城市河道的调节作用显著，是连通河湖，开展"清水活水"工程的基本条件。闸站对于河道水系之间的水流量调节至关重要，是使水活起来的关键，只有根据城市河流及河道特点，对于重要节点安排闸站建设，或针对重要节点进行闸站的改扩建才能更好地满足城市河流水质改善、水量合理的需求，更好地满足城市河道滞蓄功能的要求。因此，试点期内，扬州市充分调研城市闸站建设状况，最终针对性实施同心河东西侧排涝泵站扩建、引潮河排涝站、扬州闸拆建等工程，合理布局的闸站建设有效发挥了闸站作用，改善了城市水系沟通状况，为后期进一步开展水生态修复提供了"活水"基础。

6）退耕还湖

对于保护水域面积，以退耕还湖为开展建设重点。

城市湖泊面积萎缩，水域减少，是当下中国许多水网城市面临的考验。开展水域保护和恢复，能有效利用城市湖泊构建城市海绵体，保障城市滞水和蓄水能力。以恢复自然，生态优先为导向，也为海绵城市建设助力，针对现有耕地占有率与城市湖泊保护与修复对城市发展的影响进行博弈分析，扬州市身体力行，在全市有计划有步骤地开展退耕还湖。具体工作体现在针对市域范围内严格制止盲目围垦，对地势较高，圩内水利设施基础好，且对调蓄、行洪无重大影响的圩区，原则上予以保留；对于圩区地势低下，有碍行洪和调蓄者，进行调整改造。

退耕还湖工作对于水域面积的恢复产生

了重要的作用，使扬州这座水韵古城在水的浸润下继续成长，也让水文化在水的流淌中持续发扬。

2. "不淹不涝"管理体系：系统指挥，信息管控

1）建立多级防洪治涝指挥系统

根据国家《防洪法》及《江苏省防洪条例》，扬州市城市防洪实行市长负责制，在市政府的统一领导下，成立各有关部门、同级军事机关负责人组成的市防汛指挥部，全面负责扬州市防洪指挥工作。市防汛指挥部通过设立市防汛办公室和市区防汛联合办公室两个机构，分管市域区县及市区内防洪的组织、协调、监督、指导等日常工作，保障全市防汛管理。区域内各区通过建立以行政首长为首的防汛指挥部，保障了各行政区划内的防汛指挥工作有序开展。在各区指挥部下，分设街道（乡镇）分指挥部，形成三级防汛指挥系统。

扬州通过从上至下逐级明确管理机构，细化管理责任的指挥系统建设，建立起了统一现代化完整的防洪治涝人员体系。

2）建立现代化防汛系统

扬州市完善建设防汛支持系统，实现了从传统管理转向智能管理、现代化管理，这对紧急情况下进行防汛决策、制定减灾措施具有极其重要的价值。系统包含：（1）汛情遥测：主要通过建立无线和有线遥测站点，实时测报扬州市相关站点的雨量、水位、流量、引排水量、涵闸泵等工程运行状况，以便及时了解雨情、水情、工情和洪涝灾情状况，及时为防洪抗灾提供可靠的信息。（2）洪水预报和警报：利用实测水文资料预先编制好洪水预报方案，根据

当地降水或上游洪水情况预报河道水位和流量，在洪水来临之前和来临之时通告群众和有关部门，以便及时做好抗洪工作，避免或减少洪灾损失；（3）洪水调度：结合洪水预报方案和洪水警报制定合理的洪水调度方案，根据洪水情况决定各排水河道闸门启闭、排涝泵站运行等，降低洪水威胁。（4）洪涝风险图：制作地区洪涝风险图，标明各种重现期的暴雨洪水的淹没范围、淹没深度和可能的经济损失，人员撤退和物资转移的路径安全地点，重要保护对象的位置等，供防汛决策参。

3）建立防洪治涝预案

提前制定防洪防灾紧急预案是保障人民生命财产安全的首要条件，有助于在城市面对灾难时做出果断正确的抉择，保障行动的安全有效。居安思危，保障扬州城市行洪安全，在工程措施和管理体系完善的同时，需要建立城区防汛排涝应急预案、遇台风、洪水启动预防预案、发生超标洪水的对策等。因此，扬州对此制定城区防汛排涝应急预案和遇台风洪水启动防御预案，预案中涵盖如何动员全社会力量抗洪抢险，根据预案开展紧急行动和采取适当措施可有效确保重点地区（企业）防洪安全，有组织进行低洼地区群众转移，以及在必要时牺牲部分低洼的农业圩或生态区滞蓄洪水等行动措施，保障了扬州人民在遇到超标准洪水（本地100年一遇及以上山洪，长江、淮河高水位）时的生命财产安全。

利用防汛后续保障现代化管理建设和防洪减灾预案制定，配合前期的防汛排涝工程建设，扬州以"工程改造为主，现代化管理和预案建设为辅"的组合拳模式，为扬州的水安全助力，给扬州人民吃下了一颗"城市生活不淹不涝，防灾减灾有依有靠"的定心丸。

三、饮用水安全工程建设

围绕江苏省水利厅饮用水水源地"一个保障、两个达标、三个没有、四个到位"的总体目标，扬州市在集中式饮用水地水质达标率已达100%的良好基础下，进一步挖掘饮用水水源地存在的主要问题，优化提升饮用水安全工程建设：实施饮用水水源地达标和备用水源地建设；结合小城镇和新农村建设，实施城乡供水一体化，保障边远地区农村居民饮用水安全；结合小城镇和农村集中居民点建设，优化调整供水管线，通过管网延伸、管网改造，提升农村居民饮水保证率及安全水平。到2017年，扬州市完善3个地级、9个县级集中式饮用水水源地环境状况评估工作，完成环境保护规范化建设；完成高邮湖备用水源地保护区划分，报经省政府批复；开展饮用水源地达标建设、应急水源建设。结合省环保督察、"263"专项行动，对相关水源地存在问题进行及时整改，不断推进饮用水水源地达标建设与规范管理，拆除瓜洲国际露营地设施，开展仪征长江滨江饮用水水源地督查，加快仪化码头拆除、紫金山船厂设施关停（拆除）等环境隐患整治，突出环境问题得到解决；对于列入省级达标建设任务的9个县级以上集中式饮用水水源地达标建设任务也全部完成。

【专栏2-2】水安全工程

1. 城乡供水安全保障

对于保障民生的城乡供水安全保障方面，扬州市针对自身问题进行提升改造建设，主要开展水源地保护、水厂扩建及老旧管网改造、备用水源地建设和对突发性水污染事件的应急管理四个方面的工程及非工程措施。

1）水源地保护工程

扬州市共有河道型城市水源地12个，其中长江3个，淮河干流3个，大运河4个，内河2个。全市城市集中式水厂13个。根据饮用水水源地保护规划和其他重要水源地保护要求，扬州通过清理整治污染源、清淤扩容、种植水生涵养林、建立人工护栏、布设动态监测系统等综合措施，进行饮用水水源地达标建设，完成饮用水水源地保护。加大饮用水水源地工程建设投入，扬州在巩固一级保护区整治成果的基础上，扩大到二级保护区和准保护区，有效的保持全市集中式饮用水水源功能区达标率持续达到100%。

根据扬州市重点水源地保护和水质提升需求，分区域不同程度开展实施宝应县、仪征市、江都区、扬州市区4项饮用水水源地保护工程。

2）水厂扩建及老旧管网改造

由于随着新一轮宝应县城镇化、工业化进程的加快推进，产业布局的调整，宝应县需水量呈现出快速增长的趋势。水生态文明城市试点建设前，宝应水厂、潼河水厂均处于超负荷运行状态，供水量难以满足社会经济发展的需求，因此扬州在试点建设期间，进行宝应水厂扩建改造工程，切实提高供水能力，满足区域发展需求。城市管网对于城市供给水的安全，如同人体的血管之于生命，对此，扬州全面开展城区漏损严重的老旧管网改造，实施区域供水管网完善工程，满足了城乡用水需要。

3）备用水源地建设

扬州饮用水源相对单一，根据其水系特点，为实现更高效多元的水源地供给，扬州实行分县（区）建设备用水源地。按照水源地保护范围，设置保护边界及警告标识，清除保护范围内违章建筑，关闭搬迁保护范围内污染企业，综合整治水源地相邻区域环境，防止水体污染，保障水质达标率。

4）提高突发性水污染事件应急管理能力

扬州通过建立和完善饮用水水源地突发事件应急预案，加强水源地监测，提高预测、预报、预警能力，及时妥善处置各种突发环境污染事件，落实应急管理措施，保障特枯或连续干旱年以及突发水污染事故情况下的基本水量供应。

2. 农村安全饮水工程建设

结合小城镇和新农村建设，扬州在全市范围内实施城乡供水一体化建设。通过整合农村供水服务资源，实现农村供水服务标准化、企业化、市场化；完善农村供水服务人员定岗定编工作；建立健全的农村供水水质日常监测管理制度，以乡（镇）为单位制定农村供水应急方案等措施，实现了全市农村供水一体化，保障了边远地区农村居民饮用水安全（图2-8）。

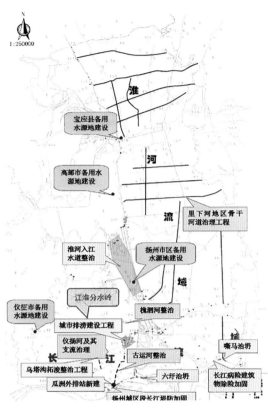

图 2-8 扬州市水安全保障重点工程布局

四、典型案例

扬州是一座典型的平原河网城市，城市内河湖水系众多，城市河道如同人体的血管经脉，为城市发展与建设输送营养，其重要性可见一斑。同时，城市河道与城市生存和发展密不可分，在城市及周边地区经济发展和生态保护中，占据着举足轻重的地位。随着当今社会城市化和城市现代化步伐的加快，人类创造的财富和人类自身都越来越紧密地向城市集中，城市对水资源的依赖和水患带来的城市影响也越发重要。因此，研究和探讨城市河道防汛的水安全与城市建设，对城市经济与环境的协调发展，对加快城市的生态文明建设意义重大。随着人们日益增长的生活需要和不平衡、不充分的发展之间的矛盾，使得当前河道的功能已经不再仅仅局限于防汛，人们对河道的生态作用和城市景观都有了新的要求。扬州立足人民需求，坚定生态发展的城市建设模式，对城市水安全有了新的认知和理解，认定在今后和未来的防汛、生态、景观型标准河道的探索研究，将成为河网型城市防洪水安全的建设新途径。

【案例 2-3】淮河入江水道整治工程

（1）基本情况：淮河入江水道是淮河的主要泄洪通道之一，也是国务院确定的进一步治理淮河重点项目。该工程上起洪泽湖三河闸，下至江都附近的三江营，全长 157.2km（其中扬州段全长 115km），设计泄洪能力 12000m³/s，可将淮河上中游 70% 以上的洪水泄入长江，同时也承泄京杭运河西部宝应湖、高油湖地区及里下河地区的涝水，改善区域排涝状况，具有较好的社会、经济综合效益。

（2）建设内容：重点实施新民滩（图 2-9、图 2-10）、卢家嘴切滩；归江河道抛护；运河西堤堤防加固和堤坡护砌；湖西大堤和归江河道堤防加固和护坡新建或翻砌；湖西中小圩加固；除险加固沿线病险建筑物；建设运河西堤、湖西大堤及归江河道防汛抢险公路，增设管理设施和管理用房；沿淮洼地治理。

（3）完成情况：完成穿堤建筑物工程 61 座，完成高邮湖控制线建筑物 3 座，完成堤顶防汛道路 100km，试点期内已完成计划投资 8.8 亿元。

（4）工程效益：本工程通过切滩抽槽、沿线堤防加固以及建筑物除险加固等，入江水道防洪标准达到 100 年一遇，保障了里下河地区、沿湖地区和扬州城区的防洪安全。

（5）示范作用：项目建成后极大提高了淮河入江水道沿线防洪泄洪能力，部分地区岸堤防洪达到百年一遇的标准，为里下河地区及沿湖地区和扬州城区提供防洪安全保障。该工程为流域性泄水不畅河道整治提供借鉴，可作为解决流域防洪安全的典型示范工程。

【案例 2-4】古运河瓜洲泵站

（1）基本情况：古运河是扬州城的"同龄"

图 2-9 新民滩切滩前

图 2-10 新民滩切滩后

河道，历经扬州千年兴衰，现今仍然是勾通江淮、肩负引排航运的骨干河道，在仪扬河东闸未实施完成前，亦是仪扬山洪排泄入江的干河。古运河东起京杭运河，蜿蜒穿过扬州城区，南至瓜洲入江，河道全长 29.3km，是京杭大运河开挖以后，全国保留最为完好的唯一古河段。古运河北有扬州闸，南有瓜洲闸，直接承接扬州中心城区内邗沟、漕河、北城河、响水河、七里河、沙施河、小秦淮、二道河、篙草河、新城河、安墩河等内河水系的洪水，与仪扬河东段共同作为西部城区内部排涝专用通道。试点建设前，古运河排水完全依靠自排，在遭遇江潮顶托、淮水并涨、山洪下泄和暴雨倾盆的恶劣天气"四碰头"之时，城区的内水能不能迅速外排，造成古运河水位上涨，严重影响周边特别是平原区的排水安全和沿线堤防安全。因此，加快建设古运河外排大站（包括瓜洲站和扬州闸站），可以有效降低古运河与仪扬河东段水位，提高中心城区西片整体外排标准，保障城区在江淮高水位时的排水安全。

（2）建设内容：主要包括泵站主体、上下游引河及提防、机泵设备与自控、工程永久征地及工程拆迁等建设内容。新建瓜洲泵站，规模为大（2）型泵站，Ⅱ等 2 级水工建筑物。上游引河进口位于瓜洲枢纽鱼嘴咀北端东侧，下游引河出口位于瓜洲枢纽鱼嘴咀南端东侧。

（3）完成情况：站址位于瓜洲闸东侧，工程主要内容包括泵站、清污机桥、公路桥、上下游引河及堤防等。截至 2017 年，征迁协议已基本签订，已完成征迁量的 90%；工程方面瓜洲外排大站工程已完成方案比选、工程地质钻探和拆迁初步调查，并编制完成了瓜洲站站址和泵站的比选报告以及先期桥梁施工标和监理标的招投标工作，并已签订承建合同。扬州闸站计划在远期规划年（2020年）完成。

（4）工程效益：通过新建规模为大（2）型的泵站，抽水能力可达到170m³/s，该工程的建成可以更好地解决江淮高水位时城市排涝出路问题，进一步提高了扬州市城区的防洪排涝能力。

（5）示范作用：扬州市政府将瓜洲泵站定位为"不淹不涝"城市第一工程，城市安全保障第一工程以及城市基础设施建设第一工程。闸站建成后将有效地解决扬州中心城区20年一遇内水外排的出路问题，为全面解决平原水网地区城市内涝提供样板（图2-11）。

图2-11 瓜洲泵站建成效果图

第三节 水资源配置优化 ——"活"

围绕"活",打造河湖水系连通标杆。

城市水体流速缓慢,水体具有交换率底导致湖体脆弱易被污染的特点,通过打通水体、连通水系来改善水质的活水理念意义重大。利用工程引水活水,一方面有利于待改善水体进行水体的混合与交换,从而有效改善水体的水质,为水体中生物提供适宜的生存环境,从而对水环境进行生态修复;另一方面,通过连通的河道利用闸站对水资源进行调控管理,无论对于城市防洪排涝亦或是城市的水资源配置都是举重若轻的。让城市之水"活"起来是优化水资源配置的核心主旨,扬州运用系统思维和创新思路,使扬州市基本形成"以江为主、蓄引结合、江淮共济"的水资源配置新格局。对此,扬州开展实施主城区调水引流工程,形成东水西引南排的水系连通框架;古运河以西片区通过扩建黄金坝闸站,新建平山堂补水站并铺设输水管道,新开沿山河东延河道,新建象鼻桥补水站,引邵伯湖水源入古运河,经邗沟河、沿山河、新城河等入古运河,形成活水循环。

"清水需活水",水环境改善也需要连通河湖水系,以"活水"为基础保障。因此,扬州市以"活水工程"为突破,从水系连通和节水型社会创建两大方面入手进行优化水资源配置体系建设。2015 年扬州建城 2500 周年庆典之日,扬州实现"九闸同开、活水润城",从高邮湖、邵伯湖引入的活水,经由古运河分流各闸进入主城区,在较短时间内,大运河以西主城区 90km² 范围内,全长 140km 的 35 条河流实现了活水环绕。在高邮市建成省级节水型社会建设示范市的基础上,水生态文明试点建设期间,全市 6 个县(市、区)有 5 个建成节水型社会示范区。2017 年全年创建节水型企业、单位等 82 家,仪征化纤获全省首批"水效领跑者"称号。同时,2017 年、2018 年均严格按照规定时间要求下达用水计划,并通过大力发展高效节水灌溉等举措,大幅提升了农业用水效率,创成 3 个省级"水美乡镇"和 10 个省级"水美村庄"。另一方面,扬州加强节水"三同时"管理,2016 年城乡居民生活用水、工农业用水保证率由 96% 提高到 98%，丘陵山区农业灌溉用水保证率达到 75%，其他区域达到 89%。2005 年被命名为"国家节水型城市"，并先后于 2008 年、2013 年和 2017 年通过复查验收。

一、优化水资源配置

扬州市具有独特的水系连通格局，长江与淮河连通，长江和运河、里下河互通，沿江水系与长江互通。特别是城区古运河连通了江淮水系，在正常年份下，淮河高邮湖、邵伯湖富余水资源基本保证了古运河与城区水系 6 亿立方米左右的生态基流。从城区内部水系来看，东部城区处于古运河与京杭大运河之间，七里河、横沟河等河道沟通了古运河和京杭大运河；古运河西部地区水系主要通过古运河上端实施补水，基本满足了该片区活水需求；京杭大运河以东片区主要引大运河水，自西向东自排入廖家沟；江都城区和通南地区西引芒稻河水，向东自排，形成了"西引东排"格局。

扬州市由于本地水资源可利用量较少，加之本地地表水资源时空分布上年际变化大，年内分布不均，扬州市水资源供应绝大部分依赖于各类工程的抽引或自引江淮水源，但沿江、沿淮水工程多建于 70 年代初，运行时间长，后来虽进行过大规模建设与改造，但工程老化现象严重。

从供需状况来看，丰水和平水年份，全市供水基本可以满足需要，但在干旱年份局部地区出现缺水，主要体现在：中心城区河道干旱年份下生态用水不能得到有效保证；高宝湖地区和仪邗地区的丘陵山地中等干旱年份供水保障不足；里下河地区干旱年份东北部地区供水保障能力不足；通南高沙土区中等干旱年型灌溉高峰期供水不足。

为满足扬州市的水资源配置需求，水生态文明试点建设期间扬州以水利局牵头协调各部门进行了一系列活水节水工程，通过各类工程措施保证了城市用水供水需求。

二、活水工程实施

活水工程即加强水系连通，根据水资源配置方案明确水资源配置重点工程，通过实施跨流域调水工程、"蓄、引、提"工程、水系连通工程，针对扬州中心城区北高南低、水系网格丰富的特点，扬州市研究制定了"主城区水系连通"规划方案，两年内实现了主城区 83 条河道的勾连贯通。通过调水引流、保障水源、节点控制等措施，有效地发挥了邵伯湖"平原水库"作用，促进市区水系的有序流动，切实提高了区域水资源调配能力。

（一）跨流域调水

对于大型的跨流域调水，扬州市开展实施了南水北调续建配套工程、仪征丘陵地区互济互调工程、邵伯湖补水工程和三阳河—大三王河续建工程等四项大型跨流域调水工程。试点建设期间，扬州根据需求重点实施仪征丘陵地区互济互调工程，由于仪征市大仪镇朱桥灌区、陈集镇塘田灌区和刘集镇白羊灌区、红光灌区处于江淮交界处，因此其调水工程主要为长江流域与淮河流域相互调水。同时，通过建设塘田、白羊、红光、朱桥4个灌区的跨流域调水补水线和提水泵站，实现了江淮水源互补互济。

（二）区域引调水

利用通南地区引水工程逐步完善通南地区"西引东排"的格局；通过槐泗河上游引提水工程，从邵伯湖引水至槐泗河上游，从上往下置换水源，最终使槐泗河达到扬州市水功能区规划的水质要求；利用闸站修建开展城区西片调水引流、清水活水工程，例如，通过建黄金坝闸站，新建官河节制闸，整治邗沟卡口段（图2-12）；新建象鼻桥补水站向唐子城河补水、蜀秀河补水站向蜀冈生态区补水、新城西区补水站向双墩水库水系补水。

（三）水系连通

1.古运河东部水系沟通

新建曲江双向闸站，闸站西侧新开河道以顶管过运河北路，有效沟通了京杭大运河与曲江公园；新建文昌国际广场箱涵，整治丁家河，新建箱涵与节制闸实现了京杭大运河水系流畅。

2.城区东片骨干河道整治

试点建设期间，通过开挖城区东片的大汪河（中沟河）、朱家河，完成高家河的全面整治，有效改善了城区东片的骨干河道连通状况。

三、节水工程开展

扬州市"治城先治水"以优化水资源配置为依托，试点建设期间相继制定出台《扬州市节水供水管理办法》《扬州市建设项目节水设

图 2-12 扬州黄金坝闸站

施"三同时"管理规定》《扬州市公共机构创建节水型单位实施方案》等政策性文件，减少无效需求，减少污水排放与创建节水型城市相结合，全面做到了用好水、节好水。通过厉行节水，转变用水方式，全面提高了水资源利用效率和效益，实现农业用水量稳中求降、工业用水量微增长、生活用水量适度增长、非常规用水量明显增长。同时，进一步完善了机关、企业、学校、医院、小区等节水改造。

（一）工业节水工程

扬州市引导企业加大节水投入，对废水工艺设施处理升级改造，鼓励企业中水回用。在工业企业的节水改造上，扬州通过改进和更新部分落后的节水设施与设备，依法淘汰落后的高耗水工艺、设备和产品，应用高效人工制冷及低温冷却技术、高效洗涤工艺等节水新技术，以及利用工业锅炉的蒸汽凝结水回收利用，极大地提高了工业节水效率。试点建设期间，扬州市创建市级以上节水型企业 20 家，逐步有效推进国家级、省级园区开展水资源循环利用工程建设，实施完成园区工业污水处理厂及污水管网改造，建设出中水回用示范工程，实现了园区生活、工业污水集中处理和循环利用，全面提升了工业节水效率。

（二）农业节水工程

扬州的农业发展迅速，农业节水所带来的水资源利用效率巨大，因此成为扬州市节水工作的重中之重。随着农村产业结构的调整和高新农业的发展，加之灌区原有渠系及建筑物配套不齐，老化失修以及运行管理等问题以及灌区水情、工情、农情的不断变化，农业水资源供需矛盾日益加剧，灌区水利设施不适应的状况越来越突出。扬州明确要点，重点突击，在试点建设期内，实施完成高邮灌区、宝应宝射河灌区、仪征月塘灌区等大型灌区的节水改造工程，大幅提高了全市农业用水效率。除此之外，在农业集中区实施节水灌溉示范工程，在主要灌区重点实施渠道防渗工程和管道化灌溉工程，在特种经济作物种植区和城郊蔬菜基地推广喷灌、微灌工程以及温室、蔬菜大棚滴灌工程，也是扬州市开展农业节水建设的一大亮点。在试点建设期末，扬州市完成高效节水面积 4.14 万亩，超额完成省厅下达 4 万亩的目标任务。同时，各县（市、区）编制完成了"十三五"高效节水规划和 2017 年度高效节水实施方案，并经县级人民政府批准实施。

（三）城镇生活节水工程

在城镇生活节水方面，扬州市通过网络媒体宣传，以及政府补贴推广应用家用节水龙头、节水便器和沐浴器，进行公共节水设施改造项目，建成一批节水型社区、节水型学校及节水型家庭。同时，扬州在城镇推广使用节水马桶、节水龙头等节水器具，普及节水知识和技术。试点期间通过大力宣传和严格督查，扬州市建成省级节水型社区 20 家，市级节水型学校 70 所，省级节水型学校 15 所；全市 200 张以上床位的 10 家医院全部建成节水型单位；全市四星级以上的 15 家酒店全部建成节水型单位。

（四）非常规水源利用

城市污水再生利用是提高扬州市水资源综

合利用率、缓解水资源短缺矛盾、减轻水体污染、改善生态环境的有效途径之一。扬州市对于非常规水源利用方面，积极开展建设汤汪污水处理厂、六圩污水处理厂等再生水处理工程及天雨清源污水处理厂、海潮污水处理厂、仙荷污水处理厂、实康污水处理厂尾水回用等工程，目前完成的两项重大非常规水源利用工程包括：投资1500万元的高邮市海潮污水处理厂尾水回用工程，回用量1.5万吨/日，以及投资6600万元六圩污水处理厂中水回用工程，其回用量规模可达6万吨/日。

四、典型案例

随着经济实力的不断增强，人民群众生活水平的逐步提高，人们对水环境的要求也越来越高，人们渴望见到水清天蓝、绿树夹岸、鱼虾洄游的生态河道。"流水不腐，户枢不蠹"，清水需活水，扬州人深谙此理。在拥有如此众多大小湖泊水系的千年古城中，加强水系沟通，不仅是以水之活现城之美，也是以水之活助城之安。以生态修复为目标开展水系沟通的活水工程，不仅是扬州为人与自然和谐相处助力的手段，亦是扬州供水配置的有力保障，它既解决了河道因不流动而黑臭的生态问题，也用沟通的水系打造了完善的城市水环。因此，扬州明确加快集水资源综合调度、景观、滨岸休闲等功能为一体的景观水系建设，带动河道整治和沿岸绿化建设，是切实实现"水清、岸绿、景美、游畅"目标的有力举措。

【案例2-5】古运河东部水系沟通工程

（1）基本情况：古运河东部水系主要是指位于扬州主城区东部、古运河与京杭大运河之间的区域，范围包括：东到京杭大运河，南到运河西路，西、北至古运河堤防，区域总面积约9.2km²。2006年，扬州市对古运河东部水系骨干排水河道——沙施河进行了污水截流及河道综合整治，沙施河水质有了明显改善，但与其相连的东部水系内的太平河、丁家河等几条支河未经整治，存在着过水段面萎缩、河床淤塞等问题，降低了河道的通行能力和容蓄能力。同时，由于太平河、丁家河入京杭大运河口门填覆，出水口只有太平闸站一处，不能适应区域排水要求。此外，古运河东部水系目前主要承受三方面的污染：一是沿河直排污水管道排入的污水，二是河道底泥释放的污染，三是降雨时周边地区管道溢流污水和地表径流面源污染。该工程是为了解决古运河东片区沙施河水系萎缩、河水流动性差、缺少水源、河水自净能力差而实施的一项活水工程。

（2）建设内容：新建曲江双向闸站，闸站西侧新开河道以顶管过运河北路沟通京杭大运河与曲江公园；新建文昌国际广场箱涵，整治丁家河，新建箱涵与节制闸沟通京杭大运河。同时，对曲江公园湖、沙施河鸿泰家园支流等水体实施水质改善工程，通过清淤、污水截流、新建初期雨水污染削减装置、曝气装置、生物浮岛、浮床和铺设生物沸石等措施，增强水体的自净能力，实现水质改善效果的持久性。该项目建成后可从曲江闸站引京杭大运河水入曲江公园，通过鸿泰家园支流入沙施河，向北通过太平南河及丁家河入京杭大运河，形成活水循环，向南通过提升泵站冲洗沙施河南段及七里河，汛期可从曲江闸站排涝。

（3）工程效益：工程通过新开河道，新建闸站、箱涵，引京杭大运河水入曲江公园，经沙施河、太平南河、丁家河入京杭大运河，形成活水循环；通过河道清淤，污水截流，建设雨水污染削减装置、曝气装置、生物浮岛等，增强了水体的自净能力，实现水质改善效果的持久性。

（4）示范作用：项目的实施对于改善古运河东部水系水质，完善东部防洪圈均有重要意义，同时，通过水质改善工程的实施，恢复河道的生态环境，改善滨水景观，实现水质改善效果的持久性。为需要解决城市片区因河道水系萎缩、河水流动性差、缺少水源、河水自净能力不足而产生河道污染问题的片区，提供持久性改善河道水质、恢复河道生态环境、实现水质改善效果的经验（图2-13～图2-15）。

【案例2-6】高邮灌区节水改造工程

（1）基本情况：高邮灌区地处淮河下游，属江苏中部里下河地区，南水北调东线工程水源段。南与江都市接壤，北与宝应县为邻，东近三阳河，西依京杭大运河。耕地面积63.22万亩，有效灌溉面积58.89万亩。灌区以京杭大运河过境的江淮水为供水主水源，通过沿线渠首实行自流灌溉，设计引水能力150m³/s（在运河水位7.0m时）。灌区年供水总量约为7.33亿立方米，现状农业可引水量为6.39亿立方米，年灌溉需水量4.6亿立方米。高邮灌区自1958年建成以来，经过50余年的建设与发展，基本建立了完善的灌、排工程体系，为灌区农业生产与农村发展作出了巨大的贡献。然而，随着时间的推移，灌区部分工程老化严重，运行效率明显下降。自2000年起，灌区开始实施工程改造，至今已连续实施13余年，取得了十分显著的效益，未来一段时期内将进一步推进灌区节水改造工程。

图2-13 东部水系沟通工程新貌

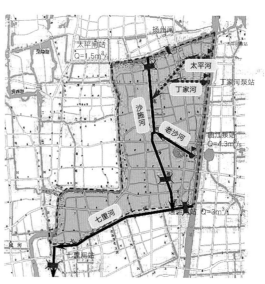

图2-14 古运河东部活水工程布局图

图 2-15 古运河岸景图

（2）建设内容：按照"现代化节水生态型"大型灌区的建设总目标，全面推进高邮灌区续建配套节水改造工程建设。主要实施干、支渠衬砌，新、拆建干渠节制闸及退水闸，改造支渠首，新建支渠级灌排泵站，对信息化系统进行更新升级，配套部分管理设施，实施水土保持工程等。

（3）完成情况：主要实施干、支渠衬砌，新、拆建干渠节制闸及退水闸，改造支渠首，新建支渠级灌排泵站，对信息化系统进行更新升级，配套部分管理设施，实施水土保持工程等。

（4）工程效益：通过节水改造工程建设，可以继续扩大灌区自灌范围，提高灌溉保证率和用水效率，同时结合水、田、林、路建设，采取工程措施和生物措施相结合，进行环境配套建设，进一步改善灌区生态环境，提高环境承载能力。通过科学管理，提高了农业灌溉用水效率。

（5）示范作用：为推进建设相对成熟灌区建成"现代化节水生态型"大型灌区，提升灌区管理水平提供样板。

第四节 水生态修复建设 ——"亲"

崇尚"亲",打造生态园林城市样板。

城市水域（软脉）有别于城市的道路（硬脉），一方面具有改善人居环境社会服务功能，另一方面也具备产品提供、调节服务、文化服务、生命支持等一系列生态服务功能，为城市的环境改善、经济和社会文化进步及发展提供支撑。城市的灵气在水，得水而活，因水而秀。一座现代化的文明城市，需要水去灵动和美化，需要水去扬韵和铸魂，沿河带状辐散发展，对水域周边乃至城市整体的格局、风貌、定位、发展趋势都会产生直接的重要影响。国内外许多城市因得"名水"或与水"融合"而显得魅力无穷。伦敦的泰晤士河、巴黎的塞纳河，上海的黄浦江、广州的珠江，其两岸不仅是现代产业的集聚带，而且是光彩照人的文化长廊，其水体也仿佛成为流动的风景。大连、深圳、青岛、厦门、宁波等城市因为与海"亲密接触"，不仅经济快速发展，而且也营造出景色怡人的人居环境。西湖、太湖之所以令人向往，是它以恬静的湖水托起精美的楼台、孕育出秀丽的城市、营造出天堂般的意境。扬州市地形平坦、自然森林植被较少、农田及水域面积大，白马湖、宝应湖、高邮湖、邵伯湖、京杭大运河、长江等水体，以及保护区均属于生态敏感区，西南部森林斑块以及射阳湖等重要湿地区域是维持扬州市生态系统稳定的重要支撑，主要水系廊道与生态斑块间通过纵横交错的支流水系网络有机结合，形成了扬州市整体的水生态网络。水生态系统的稳定关乎扬州的城市发展、文化建设与人民健康。为此，扬州市明确以"爱水惜水"为抓手，优化构建水生态保护与修复体系，通过加强水生态系统保护与修复体系建设，改善河湖水生态质量，达到"河湖健康、水质优良"的目标，实现"水韵扬州、生态宜居"的愿景。

通过实施水源涵养区保护工程，水土保持工程、国家级水产种质资源保护区保护工程、湿地建设与恢复工程、水利风景区水环境水生态保护工程，扬州市构建起较为完整的水生态保护体系，较好地恢复了河道湖泊景观湿地生态功能。水生态文明建设试点期末，扬州市较建设前期全市的水土流失治理率由72%提高到80.7%，自然湿地保护率由43.5%提高到47.9%，城市水域面积率由9.3%提高到10.76%。在人与自然和谐共处、人水相亲自然恢复的理念指引下，扬州市以生态修复、水源涵养、湿地保护为主要内容，全面推进"生态中心"建设，实现生态用地占比70%以上，森林和湿地覆盖面积占比60%以上。建设完成廖家沟中央公园、三湾公园、宝应湖生态中心、高邮清水潭生态中心等10个生态中心，新增造林绿化5500亩，恢复保护湿地1000多亩，自然湿地保护率达47.9%。同时，扬州市通过编制《南水北调东线水源地生态保护区功能规划》，将输水沿线周边地区340km²范围划定为核心保护区，大力推进植树造林和水生态修复，先后实施万亩沿江风光带、万亩绿色通道、万亩田园风光带等一批源头保护项目，建成邵伯湖湿地自然保护区和南水北调源头湿地保护区。瘦西湖区域成为现代城市核心区域少有的"负离子呼吸区"。江淮生态大走廊区域成为东亚候鸟的迁徙通道，淮河入江口成为国家一级保护动物江豚的自然栖息地。

一、呵护生态敏感性

过去，扬州市生态系统结构简单，以农田生态系统为主，平原地区缺少大面积林地斑块，各湿地斑块间多通过支流水系相连接，易受到人为干扰。此外，由于扬州在以往的河道整治过程中没有注重生态保护，大多河道采用了传

统的混凝土或砌块石护坡，导致滨岸带水生及湿生动植物难以栖息，加剧了河道水体自然净化能力降低，河道生态系统退化严重。历史上，扬州市里下河地区河湖众多，湿地资源丰富，但自20世纪70年代至20世纪末，由于大面积围垦种植、挖塘养鱼，使天然湿地减少，生态环境功能趋于退化，给行洪蓄洪、灌溉用水也带来了一定负面影响。另一方面，扬州市湿地斑块及林地斑块间主要靠水系廊道相沟通，除京杭大运河和长江两条骨干水系外，斑块间的沟通主要以支流水网为主，但受气候和人为干扰等因素影响，局部支流水系沟通不畅，甚至出现"断头河"现象，严重影响了生态系统的连续性。

综合考虑扬州市降水、地貌、植被与土壤质地等因素，扬州市的土壤侵蚀状况良好，由于绝大多数区域为土壤侵蚀不敏感区，在西南角的胥浦河流域、月塘水库、刘集镇分布有轻度的水力侵蚀区域，中度侵蚀区域分布更少，全区没有强度侵蚀、极强度侵蚀和剧烈侵蚀区分布。此外，开发建设项目在施工期存在轻微的水土流失现象。

总体上来看，试点建设前扬州市域内生态斑块较为完整，重要生境保存完好，湿地类型丰富，水系连通性较好，有较强的自然修复能力和可持续能力，水生态修复态势良好。

二、水土流失治理与修复

水土流失是指人类活动对土地的不合理利用，造成土地生产力的破坏和损失，对社会经

济的发展和人民群众的生产生活带来多方面的严重危害，直接影响社会经济的可持续发展。扬州市水土流失问题以仪征市尤为严重，试点建设期间扬州市重点对仪征西部丘岗水源涵养区开展涵养林建设，包括清洁村庄建设，封山育林、护林；开展仪征市、江都区小流域治理工程，包括疏浚河道、沟口防护、下水道新建、维修加固以及河坡防护等工程。

在试点期间，扬州市对仪征西部丘岗水源涵养区通过封山育林实现护林 5000 公顷，清洁村庄，促进植被恢复，针对水土流失治理效果显著。江都区小流域治理工程，完成实施方案中的东风河、长庄河、松桥河等小流域治理工程，并进一步开展浦头河等小流域治理工程。通过对仪征市境内低山丘陵区 15 个水土流失较为严重的区域开展治理，对项目区已有的工程进行加固和改造，实施生态恢复工程，扩大了森林植被覆盖率，使项目区生态环境得以恢复。输水骨干河道沿岸建成了 10 多米宽的绿化隔离带，公共绿地面积达 12 万平方米。2016 年启动"江淮生态大走廊"建设战略，规划建设"一带一廊"，总面积 1800km²，力争将输水沿线区域水面和湿地、绿地及林地面积提高到 75% 左右。目前，"江淮生态大走廊"已纳入省级战略，大走廊扬州段也建立相应规划并积极开展建设。

三、重要生境保护与恢复

扬州坚持以"保护天然生境、维持自然生态过程为主，近自然恢复等人工生态控制为辅"为原则，以保护水生生物多样性和水域生态的完整性为目标，对扬州市水生生物资源和水域生境进行整体性保护。

根据扬州市不同区域水生态系统特点和生态保护目标，扬州市重要生境保护、修复对策与措施主要包括：水生生物保护、河湖湿地保护与修复、"七河八岛"生态保护管理、重要水利风景区保护等。

（一）水生生物生境维护

"虾有虾径、蟹有蟹路"，各种生物都有自身独特的生活习性，而不同的水质环境能够满足不同的生物生长繁殖需求，所以要根据地形地貌、原始自然环境，选择多种维护形式，为各种生物创造适宜的生长环境，体现生命多样性的设计构思，给各种生物提供生长的环境、迁徙的走廊，形成完整的生物群落。扬州市对水生生物生境维护主要依据扬州市辖区内的国家级水产种质资源保护区开展，对区域内现有的高邮湖大银鱼湖鲚、长江扬州段四大家鱼、白马湖泥鳅沙塘鳢、邵伯湖、射阳湖以及宝应湖等 6 处国家级水产种质资源设置保护区。

对于水生生物生境的维护主要措施包括：对于国家特种质水产资源保护区，核定所保护物种的繁殖期、幼体生长期等生长繁育关键阶段特别保护期；设置和维护水产种质资源保护区界碑、标志物及有关保护设施；在规划保护范围禁止任何单位和个人在保护区内从事围湖造田、围栏养殖与围填造地；开展水生生物资源及其生存环境的调查监测、资源养护和生态修复等工作；开展水产种质资源保护的宣传教育；依法开展渔政执法工作，特别是保护期内不得从事可能对保护区内生物资源和生态环境造成损害的活动；依法调查处理影响保护区功能的事件，及时向渔业行政主管部门报告重大事项；严格建设项目对水产种质资源保护区影响专题论证报告的审查程序，在保护区内从事可能损害保护区功能的工程建设活动的，应当按照国家有关规定，编制建设项目对水产种质资源保护区影响的专题论证报告，并将其纳入环境影响评价报告书；取缔保护区内现有排污口，禁止在保护区内或周边新建、改建和扩建排污口，确保保护区水体不受污染。

（二）河湖湿地保护与修复

湿地被誉为"地球之肾"，拥有着丰富多样的生物，也蕴藏着巨大的生产力，它在物种和生态的平衡乃至整个生态循环中占据着重要的地位。湿地与森林、海洋一起被称为全球的三大生态系统，其中森林和海洋已先后在立法上得到保护，而我国一直以来都没有专门的法律对湿地进行管理保护，湿地的生态补偿更是没有得到充分的重视。

扬州河湖众多，湿地资源丰富，对于河湖湿地的保护与修复扬州人高度重视，对此，综合湿地保护区、湿地公园、水利风景区建设，分析河湖湿地的保护与修复，开展的措施主要有：隔离保护与自然修复、河湖连通性恢复、河流湿地保护与修复、河湖岸边带保护与修复等。试点建设期内，扬州主要实施了高邮湖、长江扬州段、邵伯湖、射阳湖和宝应湖水产种质资源保护区的日常维护与保护工作，完成沿山河水生态修复工程，进行了河道清淤和拓宽、

河道两侧及岸坡草皮种植和景观绿化等。

扬州的河湖湿地保护与修复有效地阻断了自然湿地的锐减，为城市"绿肺"进行了一次及时的"手术"，为"绿色"扬州挥笔添彩。

（三）"七河八岛"生态建设

"七河八岛"位于江广融合地带，北至邵伯湖，南至沪陕高速，东至高水河东侧约50m、廖家沟东侧约500m范围，西至京杭大运河、廖家沟西侧100～200m范围，面积约51.5km²。该区域是市内生态自然环境保持最完好的平原类型湿地景观，是南水北调东线工程输水通道和淮河入江水道，境内自然资源丰富，区域地位重要、功能特殊，也是重要的扬州城市饮用水源保护地。

扬州在水生态文明试点建设期间，严格执行市七届人大常委会第八次会议审议通过的《关于切实加强"七河八岛"区域生态环境保护的决议》，重点开展严格控制廊道宽度、严格控制建筑高度、严格控制开发强度、严格控制污染排放、严格禁止违法建设"四控一禁"保护工作，切实加强区域生态环境特别是原生态环境的保护，保障了该区域的可持续发展，保护重要水生态功能区，确保了城市饮水水源地安全。

扬州通过严格的管控保护和生态修复及景观建设，将生态效益和经济效益有机地结合起来，促进了七河八岛地区的水生态保护与恢复，成效显著，也为其他地区的湿地恢复和修复提供了样板和参考。

（四）重要水利风景区维护

扬州市境内原有水利风景区8处，其中国

家级 4 处，分别是宝应县宝应湖水利风景区、江都水利枢纽风景区、瓜洲古渡风景区和广陵区凤凰岛水利风景区；省级 4 处，分别是高邮市东湖水利风景区、宝应县射阳湖水利风景区（省级）、宝应北河水利风景区和江都区沿运灌区水利风景区。结合水利风景区生态系统本底良好的状况，扬州在试点建设期内，重点对已有的水利风景区开展水生态保护与修复以及水环境保护工作。

到 2017 年，扬州市建成国家级水利风景区 4 家，省级水利风景区 6 家，基本实现了市级层面全覆盖。其中 2014—2016 年，全市新增国家级水利风景区 1 家（古运河水利风景区），省级 2 家（润扬河水利风景区、夹江生态中心水利风景区）。部、省景区办组织专家分批对申报水利风景区进行了现场考察评价，对扬州市水利风景区建设与管理、各景区的创建工作给予充分肯定，推荐申报成功率始终保持 100％。

四、典型案例

湿地是一种重要的自然资源，与森林、海洋并称为全球三大生态系统。但是，受人口增长、经济发展、城市扩张、气候变化等因素的影响，湿地退化已经成为全球性现象。作为三大生态系统之一，湿地的保护与恢复十分重要，对于当下城镇化进程加快的中国而言，如何在城市开发建设中谋求人与自然的和谐相处，实现自然资源的有效开发利用，保护重要的生态资源，营造良好的城市生态宜居环境，保障区域内的生态安全，真正实现人与自然的和谐相

处也是扬州水生态文明建设关注的要点。

【案例 2-7】凤凰岛国家湿地公园湿地恢复

（1）完成情况：凤凰岛国家湿地公园位于泰安镇境内的最北端，是邵伯湖流经七条大河的连接点，面积为 2.25km²，由金湾半岛、聚凤岛和芒稻岛组成，其中水域面积 1.147km²，湿地率为 78.2%。凤凰岛国家湿地公园分为生态保育区、恢复重建区、宣教展示区、湿地体验区、管理服务区 5 大部分。

（2）建设情况：湿地公园建设 2011 年已全面启动，试点期内重点实施了湿地恢复重建区的建设，主要是：①"川三蕊柳"恢复试验监测点建设，栽植"川三蕊柳"900 余棵；②湖泊型水岸修复，按水分梯度自岸边向水中垂直方向种植乔木防护带、灌草防护带、挺水植物带（水生鸢尾、菖蒲）、浮水（睡莲）、沉水（金鱼藻、狐尾藻等）植物，修复湖岸长度 300m；③意杨林清除，共清除意杨林 1.5 公顷，清除后的林地少量栽植本土树种，其余则任植被自然恢复、演替；④游乐设施区湿地恢复，对硬化的湖岸和湿地区进行破除，使其土壤出露，恢复其水土交换功能，同时清除矮堰，使分割的湖体重新连为一体，共改造地形恢复湿地 5000m²；⑤生态浮岛建设，主要用芦苇编制成 4m 见方的生态浮岛，在其上种植水生植物，如菖蒲，水生鸢尾等。示范工程完成项目投资 1000 万元。

（3）工程效益：凤凰岛国家湿地公园位于淮河入江水道，也是南水北调东线工程的"清水走廊"，湿地恢复建设对加强南水北调东线源

头湿地保护意义显著,同时也进一步扩宽了扬州旅游业的发展空间。

(4)示范作用:自然界中,湿地有"地球之肾"的美称。该示范工程以具有显著或特殊生态、文化、美学和生物多样性价值的湿地景观为主体,以保护湿地生态系统完整性、维护湿地生态过程和生态服务功能,并在此基础上以充分发挥湿地的多种功能效益、开展湿地合理利用为宗旨,兼顾公众游览、休闲或进行科学、文化和教育功能(图2-16、图2-17)。

图2-16 凤凰岛湿地公园游乐设施区恢复前后对比图

图2-17 凤凰岛湿地实景图

第五节 水景观美化与水文化传承——"融"

注重"融"，造就文化水美城市典范。

"州界多水，水扬波"，扬州缘水而生，因水而兴，生生不息的长江、运河之水滋养了一代又一代扬州人民，孕育了扬州的千年文明，促成了历史上扬州的数度繁华，水与扬州结下了不解之缘。"古邗沟财神庙"石碑上记载着吴王夫差当年挥锹开沟时的繁忙；汉刘濞开运盐河；隋炀帝开挖纵贯南北的古运河，扬州记载着无数璀璨的关于水的史诗。一个城市的特色、优势在文化方面的表现是重要因素之一，城市之间的竞争除了经济之外，凌驾于城市硬件设施之上的文化底蕴可以穿越时空，具有永恒的魅力和影响力。扬州曾有过商通四海，富甲天下的兴盛；有过兵火涂炭、腥风血雨的劫难，在其漫漫演变的岁月中积淀了深厚的水文化底蕴。如今，如何建设文化扬州，自然离不开对水文化的挖掘、整理和包装，以弘扬其融合性、坚韧性的文化精髓，凸现城市的个性，提升城市的品质。因此，水文化建设作为城市文化体现及城市景观特征的表现被提上城市名片打造的工作重点势在必行。

水做的扬州城，河流绰约缠绵，百转千回，穿街走巷、曲意承欢，浸润了一方水土，交融了一方风雅文化，以及与之相生相伴的水文化。在实施黄金坝闸站、吴王夫差广场等水利工程时，扬州注重水景观打造和水文化挖掘，实现城市水利功能与城市建筑风格、园林绿化的有效融合，营造了亲水宜居的人居环境。扬州作为获得联合国人居环境奖和创建国家生态园林示范市的城市，高度重视城市水景观的建设、保护和利用，城市建设绕水景融合，以唐宋城河水系为脉络，以瘦西湖路和平山堂路为主轴线，以蜀冈中西峰、宋夹城、瘦西湖、园林景观工场为重要节点，打造集生态保育、遗址保护、景观修复于一体的"两古一湖"扬州"城市母体"，为恢复历史河流水系、推进水文化与水景观建设提供样板。

一、水景观与水文化

扬州市拥有丰富的历史文化遗产，特别是水文化遗产众多、古遗迹分布广泛，但一些文化和历史遗迹尚未完全得到充分的挖掘和有效的保护。扬州水文化底蕴丰厚，以水而生的水景观众多（图 2-18、图 2-19），但随着城市发展，由于在水景观打造中生态功能考虑不够充分，导致无法满足城市日益增长的生态需求。动员全扬州人民的力量开展水生态文明建设是保证试点建设高效有序推进的关键，但由于前期宣传力度较低，公众对水生态文明的理解力较差，认知度较弱，导致公众参与度较小。因此，充分运用生态理念开展扬州的水文化和水景观建设，成为试点建设期间的开展建设的关键和重点。

二、水文化建设

水是扬州城市的依托，也是扬州文化的特征，这是囿于扬州特殊的历史渊源和生存背景。在以水运为主要交通方式的古代，尽管城市大多依水而建，但像扬州这样与水交融的城市却为数极少。根本原因是扬州雄踞长江和淮河两水之间，扼守着长江与运河两条水运大动脉的交汇点，以致南北货物在此转运，八方文化在此融合，因而形成独特的商业和文化形态。由于时代的变迁和城市形态的改变，使我们对扬州水与城、水与文的概念变得模糊，打开它悠悠 2500 年的史册，便可领略它与水兴衰的不朽历程。

（一）扬州水文化简介

1. 历史悠长的大运河文化

扬州市拥有深厚的水文化底蕴和丰富的水文化历史遗迹，特别是京杭大运河，被称为中国人民智慧的结晶，是遵循河湖自然规律，维护河湖自然属性的典范。扬州是世界上最早的、也是中国唯一的与运河同龄的"运河城"，大运河文化历史悠长，古运河市区和近郊段 30 余公里，历史遗迹密布，人文景观众多，文化底蕴深厚。丰富的扬州大运河胜迹，使得扬州大运河像一条银链，沿岸众多人文胜迹，犹如被串起的颗颗珍珠，由北而南，璀璨夺目。百舸竞流汇运河，申遗名城看扬州。"中国大运河八年申遗，梦圆多哈"。第 38 届世界遗产大会正式明确：由扬州牵头的中国大运河项目成功入选世界文化遗产名录，成为中国第 46 个世界遗产项目。从南到北全长 1794km 的大运河，穿越北京、天津、河北、山东、江苏、浙江、安徽等省市，亦是世界上最长的人工河道（图 2-20）。扬州作为"运河第一城"大运河成功申遗，不仅让扬州人、中国人重温扬州的历史，也为世界认识中国、了解扬州打开了一个窗口。大运河流淌千年，孕育了灿烂的运河文化，成为扬州文化中丰富厚重的组成部分。

2. 因商而起的漕运文化

经历几千年发展而建设起来的大运河及其漕运，不单单是一个物质体系，更是一个文化体系。漕运文化是农业时代经济、社会和科技发展水平的集中体现。而扬州运河及漕运，是一份历史继承性的文化、科学技术和自然遗产，

图 2-18 二十四桥景区——水光潋滟晴方好

图 2-19 小秦淮河——古城水韵绿柳红梅

图 2-20 扬州市古运河夜景

体现了中国古代"天人合一"的理念。扬州的漕运文化包含了所有与漕运有关的各种物质形态和非物质形态。作为物质形态的漕运文化，主要包括8个方面：漕粮征收的主要地域、运往的目的地、漕粮的品种及漕运的一些名目、漕运水稻、漕船、仓储、闸坝工程、运河形成的一系列城市；非物质漕运文化可以包括：大运河的漕运名称、有关漕运的规章制度和管理、与漕运有关的一些历史文献，还有民间故事、民俗等。

3. 古韵流芳的园林水文化

水是园林的重要构成要素，与建筑、花木、山石一起使园林景观达到"虽由人做，宛自天开"的境界，自古就有"扬州以园亭胜"的说法，这多半得益于扬州城市的水系为园林景观营造提供了很好的环境条件。扬州的园林其最大特色是与水交融，几乎是无水不建园，园林必依水。扬州园林不光数量众多、造型优美，而且园中之水颇具特点。或曲径通幽，或涓涓细流，或春水一池，或穿行（假）山涧，水与山、与林、与亭相映成趣。扬州园林理水手法多样"直

依、善疏、巧凿、别引、屏隔、半遮、邻借"，扬州园林因水而显得更加空灵明净、妩媚亲切、令人陶醉。水文化在园林营造中得到了充分的体现，并处处展现了与园林相关的水文化内涵。

4. 美轮美奂的传统滨水建筑文化

扬州曾有东方威尼斯之称，那时的确是舟楫穿城过，车马少于船。扬州由于城外大河贯通、城内河道纵横，于是便呈现出城市濒水而建、房舍临水而筑的空间布局和建筑特色。以致古运河、小秦淮河、汶河、城河、保障河等河道两岸人聚商涌，呈现出千户人家尽枕河、万户商铺向水开的水城风情。水城形态从扬州的城名、地名亦可得到印证。扬州辖下的诸多地名如邗江、汤汪、槐泗、曲江、汶河、汊河、东关、洼子街、大水湾……皆带有浓浓的水意。扬州古城四面环水，水网密布，因而扬州建筑有着鲜明的扬州水文化地域性特征，宋代扬州城址布局大体沿南北向河道，即汶河，由南水关至北水关，将城区分为东西两半，许多建筑物皆依此而建，汶河自北水关到南水关亦建有小市桥、迎恩桥、开明桥、通泗桥、太平桥等。元代袭用宋

大城，明嘉靖年间依运河筑新城。由明入清，扬州盐业繁荣，盐商逐渐成为全国最大的资本集团，他们物力丰富，不惜花费大量钱财，在新城的南河下、中河下、北河下向北延伸到东关的沿河地区争造府邸，形成了现在的扬州盐商宅邸文化，其整体布局体现了南国山水风情。

5. 独领风骚的治水理水历史及诗词

扬州在水通、商兴、财聚的同时，也融汇了四海文化，汇聚了八方文豪，积淀出这片文化沃土。徽派文化、陕晋文化、湖广文化等各方文化在扬州融合。陈琳、孟浩然、李白、杜牧、张若虚、欧阳修、苏东坡、秦观等饱学之士纷纷顺水而来，或游历扬州，或任守扬州，或客居扬州。文之所兴，他们在这座景色怡人的水城，写下了千万篇诗、词、歌、赋，也留下《春江花月夜》《通典》《说文解字》等宏篇巨著。处于水运枢纽的扬州经济繁荣、商业发达、交通便捷、风光秀美，倾倒了无数文人骚客，其中许多传世的名篇佳作都与水有关，或以"水"怀古，或以"水"思友，或以"水"颂景，或以"水"咏物，或以"水"抒情，或以"水"记事。古运河的挖掘、古城的修建同样留下了许多郎才俊杰的传说典故。清代以后，扬州出现了以"扬州八怪"为代表的扬州画派和以阮元、焦循、汪中、任大椿、王念孙父子为代表的扬州学派。这些文学作品或历史故事都是扬州水文化的内。

6. 独具特色的水休闲文化

历史上的扬州作为典型的商业型都市，商业发展使得休闲文化蓬勃兴起，不仅丰富精致，而且"水"味儿十足，别具一格。扬州最典型的场所数"茶馆"和"浴室"，所谓的"皮包水，水包皮"。扬州端午节的龙船竞渡由来已久，清代末年在南门关运河上的"抢标"活动更是热闹非凡。扬州闲逸的夜生活也著称于世："扬州胜地也，每重城向夕，倡楼之上，常有终纱灯万数，辉罗耀烈空中。九里三十步街中，珠翠填咽，邈若仙境。"水还孕育出扬州评话、扬剧以及园艺、工艺、饮食等扬州文化；《杨柳青》《拔根芦柴花》《茉莉花》等扬州名歌；以及扬州弹词等曲艺形式，以悠扬婉转的旋律传达水一般的清纯。"早上皮包水，晚上水包皮"，既是对扬州市井生活的调侃，也是对水与现实生活的形象揭示。

7. 烟波浩渺的荷文化

就像国人对梅兰竹菊的热爱，中国人与荷花的情结同样源远流长。作为历代文人雅士和劳动人民精神的一种依托，荷花承载着很多美丽的向往。面对荷花这一文化符号，我们的思绪仿如随波轻漾的荷瓣，在烟波浩渺的艺术世界诗意旅行。"接天莲叶无穷碧，映日荷花别样红。"每年8月8日是一年一度的宝应荷藕节。"中国荷藕之乡"宝应钟灵毓秀、人文荟萃，宝应是"全藕宴"的发源地，宝应藕粉用鲜藕淀粉制成，早在明代就成为贡品，这其中也承载着很多关于荷藕的历史传说及典故。

8. 丰富璀璨的治水文化

扬州因水而兴，历朝历代的治水伟业成就了扬州的城市发展，也造就了扬州的"繁华之都"，积累了宝贵的治水经验。唐代润州刺史齐浣主持开凿伊娄河的故事至今仍为世人称道。唐代扬州出现了斗门船闸，这是我国有据可考的最早的二斗门船闸。宋代扬州水利，由扬子江引江水入运，开扬州新河，经过新河湾，绕城南接古运渠，通黄金坝、湾头，再折向东行。这条新开河道，设计五个回弯，使河水下泄缓慢，上游水位得以抬高，避免了船只过堰之苦，后人称这项工程为"三湾抵一坝"。北宋淮南转运使乔维岳发明了双门船闸，建"二斗门于西河第三堰，二门相距逾五十步，覆以厦屋，设悬门积水，俟潮平乃泄之，建横桥，岸上筑土垒石，以牢其址，自是弊尽隔，而运舟往来无滞矣"。明清时期的扬州由于是漕运枢纽，因而对水利建设非常重视，入江口的疏浚和系列闸坝的修建便是其重点工程之一。明宣宗宣德六年（1431年），御使陈祚、侍郎赵新请发扬州、淮安军夫4万余人开白塔河，建新闸、潘家桥、大桥、江口4闸。江南漕船进白塔河运口，至湾头达漕河，缩短了行程。进入21世纪，在党和国家的领导下，为缓解北方水资源严重短缺的局面，开展了声势浩大的南水北调工程，扬州便是东线工程的水源地。

（二）水生态文化建设

2013年以来，扬州以水生态文明建设为契机，深入挖掘具有扬州特色的水文化，通过加强水文化遗产保护，积极弘扬悠久、优秀的治水精神，将水文化内涵与元素同水工程建设有机结合。扬州加大水文化宣传力度，为水生态文明城市建设营造了良好的舆论氛围；努力打造扬州博大精深的水文化品牌，构建以大运河文化为核心，以漕运文化、园林水文化、滨水建筑文化、治水历史文化、水休闲文化等为特色的水生态文化体系。此外，通过深入开展水

文化遗产保护工作，加大水文化宣传力度，积极弘扬悠久、优秀的治水精神。

1. 在水生态文明建设和管理中强化文化意识

扬州将工程建设与展示水文化内涵相结合，努力使水工程体现地域特色，并与周边环境协调一致，在发挥传统功能的基础上，集人文性、观赏性、休闲性于一体的靓丽的水生态文化建设精品，如南水北调东线源头工程、江都水利枢纽工程、京杭大运河、治淮工程等。通过建管并重，树立人水和谐的水生态文明理念，实现以水文化的传承发展来推动水生态文明建设。

2. 充分挖掘水文化，科学编制水文化建设规划

扬州在挖掘水文化的过程中，通过走访、座谈、采风等调查手段，摸清扬州市水文化家底，运用古今书籍和图文资料检索收集，对涉水的各类历史与现代人文思想、制度规范、经济活动、科技成果、文学艺术、遗迹遗址、民风民俗、自然景观、宗教信仰、文化设施等进行挖掘、收集，形成水文化家底的原始资料；通过组织相关学科和本地域文化的专家、学者，广泛征求社会大众的意见和建议，筛选出真正能代表扬州历史与品牌的优秀水文化，并分类整理；建立扬州水文化资源数据库，采用纸质、光盘、录音带、录像带等载体，将水文化研究成果造册、立卷、归档，形成资源数据库；最后对水文化资源进行分析、整合、提升，并结合水利部发布的《水文化建设规划纲要（2011—2020年）》以及《江苏水文化发展规划纲要（2012—2020年）》（苏水办〔2012〕54号），科学编制出符合当地民情，反映扬州文化现状的《扬州市水文化发展规划（2012—2020年）》，

并有序实施。

3.抓紧实施水文化遗产保护工程

抓紧保护水文化遗产并加以研究，运用有效载体再现已消失的水文化，让人民群众感受到传统水文化的博大精深，满足其日益增长的精神文化需求是扬州开展文化遗产保护工程目标。

开展保护过程中，扬州市强调重点保护水文物古迹，对已破坏的创造条件尽量恢复。在城市建设尤其是旧城改造过程中，特别保护好水文化遗址和水文物，恢复水文化古迹。严格保护具有特殊历史意义或考古价值的水文化遗址及建筑，禁止破坏及限制结构改动，使水文物古迹得以代代相传，使水文化得以持续发展。对此，扬州先后叫停了仪征市仪扬河"一河两岸"工程、东园宾馆工程，高邮市里运河故道工程、宝应刘堡闸码头工程等有可能对大运河遗产造成不利影响的项目。建成大运河遗产监测管理平台——大运河扬州段监测预警平台，并在此基础上建成大运河遗产监测预警通用平台，复制到沿线31个遗产区。2013年3月，在沿线城市中成立大运河保护志愿者总队。另一方面，扬州积极编制遗产保护和环境整治方案，并从国家和省文物局争取到近三个亿的重点文物保护专项经费，实施邵伯明清运河故道及周边运河遗产保护展示工程、宝应明代刘堡减水闸保护展示工程、高邮明清运河故道保护工程、扬州盐业历史遗迹保护工程等一批工程，使扬州的运河遗产价值得到很好的提升。《大运河扬州段世界文化遗产保护办法》也于2016年12月经扬州市政府常务会议审议通过，并付诸实施。

4.大力开展水文化宣传教育

开展水文化宣传教育，特别要注重实效性、系统性。对于水文化宣传教育，扬州主要从主题活动、水文化产品开发和建设文化展馆三个方面展开。

（1）积极开展丰富多彩的水主题活动。采取水文化展览、水文体活动、水工程参观、水生态考察、水知识竞赛、水学术研讨、水法制宣传、水科普讲座和水文化艺术节、水文化论坛等方法，普及水文化知识，弘扬水文化精神。利用"中国水周""世界湿地日""世界水日""防汛防台日"等，开展系统的宣传。突出针对性、实践性、群众性和实效性，大力宣传生态文明建设的新观念、新知识、新举措、新成效，引导各级组织、社会各界和广大群众积极参与，创建出一批生态文明示范单位。

（2）丰富水文化产品。通过文学、艺术、影视、科普、纪念品等题材、产品的开发，使水文化产品在数量和内涵方面得到拓展。例如，通过对具有文化价值的水景观、水利工程、文学作品等进行普查，深入发掘包括古运河文化、漕运文化、老通扬运河文化、荷文化等传统区域特色水文化，摸清传统水文化遗产的内容、种类和分布等情况，从而对各种物质和非物质的水文化遗产加以保护和传承；通过积极推进古运河文化遗产保护带建设，保护和合理开发水利遗迹、滨水古镇、水利风景区等生态旅游资源，打造多样的水生态文化旅游产品。借助各类报刊、电视、网络等媒体多角度宣传水文化，让更多的人参与到水文化建设中来，让更多的思想、观点推进水文化建设。

（3）建设水文化展馆设施，为水文化宣传教育提供良好的物质条件。继续丰富完善扬州大运河文化展示馆（原扬州市水文化博物馆），各区（县、市）在当地展览馆、图书馆、科技馆、博物馆、文化馆等内设水文化展厅，扩大宣传教育的阵地。

三、水景观打造

扬州依水而建，是国家首批公布的历史文化名城之一，自古缘水而兴，江河之水孕育了扬城文明，托起了扬州的数度繁华。境内水系发达，水网密布，两岸景点星罗棋布，构筑了一幅"水上扬州"的水墨长卷。扬州作为获得联合国人居环境奖和创建国家生态园林示范市的城市，高度重视城市水景观的建设、保护和利用。用生态理水的理念建设城市水景观，保护修复河道生态系统，提升水环境的生态功能。坚持文化引领，规划先导，利用扬城水系，串联两岸人文景点、历史遗迹、绿化带，再现了碧水绕城郭的美景。

水景观是最直观、最容易使广大人民群众体验水文化的有效载体，其建设与自然景观、旅游、城市建设相结合，运用雕塑、碑林、博物馆、亭台楼榭、音乐喷泉、水上娱乐场等载体，把水体、边岸、岸上连为一体，加重了扬州市地域文化在滨水文化景观中的分量，显示出城市的个性化和文化竞争力。水景观建设前，扬州首先加强水污染的治理，然后把污水整治与滨水文化景观建设结合起来，建立水清、流畅、岸绿、景美的水生态环境和滨水景观，营

造出"城水相依、水系相连、天人和谐、水清城绿"的城市生态水景观，充分展现"千户人家尽枕河，万户商铺向水开"的水城风情（图2-21）。

在城市水景观建设中，扬州充分运用"遵循自然规律，人与自然和谐相处"的建设理念。对于二道河等处在居民新村附近的内河，在设计实施前期首先考虑为附近城市居民创建优美的滨水人居环境。在漕河风光带公共绿地空间中，临水安排了大量的铺装广场，设置了舒适的座椅，让人近水观赏，游赏水景，同时，按照人体行为工程学原理，安排了多种健身设施与器具，创造了舒适的休闲健身空间环境。

试点建设期内，扬州对于水景观建设先后实施了安墩河、邗沟河、玉带河、念四河等城市河道环境综合整治和绿化景观提升，对部分"脏乱差"的区域进行了清理，对缺损苗木进行了补栽并增添了花灌木和彩叶树种，完善了沿河绿化便民设施，增设了亲水观景平台，同时对少数水质较差的河道实施了水体绿化。完成了古运河、二道河、漕河等20多处滨河公园绿地建设，因地制宜地增添了大量水岸服务设施，如曲艺广场、水上廊桥（图2-22）、观景廊架、亲水平台、河滨散步道、自行车道、护岸、栈桥、微型泊船码头、河滨主题公园等。

结合地区特点，确定合理的空间布局策略，扬州市完成江广融合区生态走廊水景观建设（"七河八岛"生态保护区建设）；唐子城护城河整治工程；三湾城市公园水景观和

图2-21 扬州京华城——优美水景观，宜居滨水城

绿化工程建设；古运河大王庙以东段北岸风光带综合整治工程；完成广陵区京杭水镇水景观工程，新建河道连通"京杭之心"与廖家沟，同时进行了沿河水景观建设；完成双峰云栈工程，进行了渠道、泵站、拦水坝、栈桥、景观等建设。此外，扬州还打造建设了宋夹城体育休闲公园、扬子津古渡体育休闲公园、赵家支沟风光带、水晶公园、李宁体育公园、香茗湖公园、半岛公园等沿河风光带、滨水公园等公园水景观，构建了多层次的绿色公共开放空间，进一步提升了滨水绿地的均衡性、可进入性和参与性，形成了类型丰富、布局合理功能完善、特色鲜明、开放便民的惠民公园体系。

四、典型案例

扬州市拥有丰富的历史文化遗产，特别是水文化遗产众多、古遗迹分布广泛，一部扬州运河发展史，几乎就是一部古代扬州发展史，运河哺育了扬州，是扬州的"根"。作为"运河城"的扬州，在新的世纪，应对运河文化资源加以大力开发和利用，通过旅游让古老的运河文化为扬州的经济发展和社会进步做出积极的贡献。古人云：智者乐水。水是人类生命的源泉，它孕育着世界上的万事万物，丰富着人类的文明史，充实着人类社会的传统与现实文化，影响着人类社会的意识形态。古运河是历史文化与水的完整结合，更显现其独特的价值。但

图2-22 扬州水桥图景

据2015年年报分析，古运河整体水质较差，水环境状况不容乐观。其水质总体较差的主要原因是河道水体有序流动体系虽初步形成，但部分河道两岸排污口封堵及河道清淤工作暂未全部完成，水体自净能力较差，对此扬州高度重视开展重点整治工程，在水生态文明建设期间取得了显著成效。

【案例2-8】古运河整治工程

（1）基本情况：古运河是扬州的母亲河，也是我国大运河申遗的重要载体。试点建设前，扬州市先后实施了古运河综合整治和古运河风光带综合开发工程，经多年综合治理，已形成城区13.2km河段（京杭运河—三湾）古运河风光带，但三湾以南河段15km未治理。因年久失修，三湾以南河段河坡坍塌，行洪能力、防洪标准不足，沿线建筑物老化、损坏严重，整治迫在眉睫。2013年9月27日，古运河整治工程正式开工建设，这是扬州市被确定为全国

水生态文明建设试点城市后实施的首个试点工程，也是扬州市推进中国大运河申遗工作的重要举措，同时该工程也是"2013—2015年全国重点地区中小河流治理规划"的重点工程。朱民阳市长在开工仪式上提出："把古运河整治工程打造成全国水生态文明城市建设的样板工程、标志性工程"。

（2）建设内容：主要对古运河三湾以南河段进行综合整治，包括：疏浚河道、堤防加固，并对全线堤顶整平加宽；新建堤顶道路、堤防护砌；沿线穿堤涵洞和排涝泵站拆建、加固；对两岸进行生态绿化美化。具体内容包括：实施驳岸建设，采用斜坡块石防护、混凝土墙仿古漆面防护、板桩墙仿古漆面防护、混凝土台阶防护、仰斜墙块石防护等多种驳岸设计形式；实行生态清淤，围绕重要生态功能保护区规划，清除古运河瓜洲运河河道内淤泥，提高河道的自净能力；进行生态修复，沿古运河瓜洲运河两岸

建设生态林，景观绿化和亲水空间提升，同时种植水生植物，提高水体自我生态修复能力。

（3）工程效益：工程实施后，既可保障防洪排涝安全（满足50年一遇的防洪要求），改善航道运输条件，又可以增强清水活水能力，提升全线生态环境；同时，沿线文物古迹将会得到较好地保护，运河文化进一步彰显；此外，沿线将增设慢行系统，市民可以沿着风景如画的古运河步行到瓜洲。

（4）示范作用：为城市区域历史悠久、文化丰富河道的整治提供水生态保护与修复的借鉴（图2-23～图2-26）。

图2-23 古运河整治前

图2-24 古运河整治后

图2-25 古运河新貌之一

图2-26 古运河新貌之二

第六节 水管理体系构建 —— "制"

创建"制"，提供完善水资源管理体系。

扬州市独特的地理位置、密布的水系以及复杂的水势决定了扬州市水资源管理工作的长期性、艰巨性和复杂性，对扬州的水资源管理工作提出了很高的要求。多年来，扬州市以科学发展观为指导，以落实最严格的水资源管理制度为核心，以贯彻实施取水许可监督管理、水源地保护、水资源管理信息系统建设和节水型社会载体创建为抓手，立足市情，突出重点，狠抓落实，水资源管理工作取得了明显成效。

扬州市以体制机制改革构建"一龙治水"局面，理顺管理体制，成立了一把手市长为组长、市直各相关部门和各县（市、区）负责人为成员的长江流域、淮河流域暨南水北调水污染防治工作领导小组，并专门成立市区"清水活水"综合整治工作领导小组，从环保、建设、水利部门抽调11位骨干集中办公，推动治水工作，并以涉水事务管理一体化为目标，出台了《关于城市涉水管理职能调整工作的实施方案》，于2014年底先行理顺了城市防洪、河道、节水管理体制，彻底解决城市河道多头管理局面，形成城乡治水"一盘棋"。强化法制保障，2013年市委、市政府决定设立生态科技新城管委会，集中力量推进"七河八岛"区域生态保护和开发建设；2014年市人大出台《关于加强水环境保护和大气污染防治的决议》，每年对各县（市、区）及相关部门执行决议情况开展督查、质询和问题督办；2015年出台《城市"清水活水"综合整治工程管理办法》，对雨污分流、排污口管理等作了明确规定；2014至2016年，扬州强化水行政执法，开展护江行动，期间共查处水事案件100余起；2016年，扬州市以地方立法，制定《扬州市河道管理条例》，并于2017年1月1日正式实施。

2013年扬州市、县两级出台了加强河道管理"河长制"工作意见，全面推行"河长制"。2016年底，扬州市实现"河长"全覆盖，全市共落实"河长"2200人，管护经费1亿多元。2017年，根据国家、省相关要求，扬州进一步完善了"河长制"实施意见。此外，扬州还先后出台骨干河道、农村河道管护市级奖补资金管理办法，明确资金来源、规范资金使用，有效保障了骨干及农村河道的管护。

一、水资源环境管理困惑

多年来，在各级水行政主管部门的共同努力下，扬州市水资源管理体制已基本理顺，通过以科学发展观为指导，以落实最严格的水资源管理制度为核心，以贯彻实施取水许可监督管理、水源地保护、水资源管理信息系统建设和节水型社会载体创建为抓手，立足市情，狠抓落实，使得水资源管理工作取得了明显成效，水资源统一管理初步实现，水资源取、用、排管理新程序初步建立，大大减少了水资源浪费和水环境污染行为的发生，在一定程度上缓解了水资源供需矛盾。但是，试点建设前，扬州的水资源管理工作仍不能适应扬州市经济社会快速发展的需求。水资源管理经费不足，管理和科技人员较少，制度建设尚不完善，科技创新能力不强，还未能真正建立起科学的水资源管理体系，距离最严格的水资源管理尚有一定差距。

在全力建设水生态文明城市的大背景下，迫切需要水行政主管部门进一步加快精细化管理：从水量水质管理到水量、水质、水生态综合管理转变；从管理体制机制建设、行为规范等方面规范化管理，提升水资源管理工作效率和管理能力，发挥市场在水资源配置中的作用；从法规体系构建、规划体系完善等方面入手，

提高依法治水能力和科学治水能力，全面提高法治管理能力。

二、水资源环境管理创新

（一）最严格的水资源管理制度

对于水资源管理，扬州明确提出建立水资源开发利用红线，严格实行用水总量控制；建立用水效率控制红线，全面推进节水型社会建设，加快推进园区循环化改造工程建设；建立健全的水自动监测站点（图 2-27）；建立水功能区限制纳污红线，严格控制入河湖排污总量；实行预警管理，构建水生态保护体系；建立最严格水资源管理考核制度。

扬州市通过严格落实"三条红线"和"四项制度"的最严格水资源管理制度，全面实行市对各县（市、区）政府水资源管理目标任务完成情况考核，明确建设项目新增取水和入河排污口的审批直接与该地区水资源考核结果挂钩，倒逼社会各个行业用水排水向内挖潜。

（二）管理体系

扬州市在水生态文明城市试点建设期间，制定出台了《关于城市涉水管理职能调整工作的实施方案》，对城市涉水管理职能进行优化调整，彻底解决了城市河道多头管理的矛盾协调处理，健全了城市河道长效管理机制，形成了城市治水"一盘棋"的新局面。通过调整优化城市涉水管理职能，以涉水事务管理一体化为目标，采取改革目标一次设计到位、改革任务阶段性推进的办法，扬州在 2014 年底先行理顺

图 2-27 水自动监测站点

了城市防洪、河道、节水管理体制，健全了城市河道长效管理机制。制定出台《扬州市城市蓝线规划》，将139条骨干河道划入"蓝线规划"，全面落实"河长"及管护队伍。对于水利工程管理体系，扬州加强基层水利站的能力建设，提升服务水平，配齐装备设施，确保了水利工程的良性运行。

（三）法规及规划体系

结合实际情况，扬州市开展分阶段推进水资源管理相关规章制度建设。相继推动出台《扬州市水资源管理办法》《扬州市水污染防治办法》《扬州市城市排水管理办法》等规章制度（表2-1）。

表2-1 水资源管理规章制度建设任务表（扬州市水生态文明建设试点期）

规章名称	牵头单位	编制时间（年）	出台时间（年）
扬州市水资源管理办法	市水利局	2015	2017
扬州市水污染防治办法	市环保局	2015	2017
扬州市城市排水管理办法	市建设局	2015	2017

另一方面，扬州坚持依法治水，全面加强水利队伍和水行政执法能力建设，认真贯彻落实《江苏省水资源管理条例》《江苏省湖泊管理条例》等水利法规，增强全社会的水法制意识；严格行政许可程序，加强水工程管理范围内涉水项目的防洪评价、审批及监督管理，对重点项目审批进行跟踪服务；落实执法岗位责任制、错案追究制等制度，严肃查处违法水事案件，加大水行政执法力度和监督检查力度，维护好正常水事秩序，树立了水利系统良好形象。

同时，扬州开展全市涉水规划编制实施，通过规范程序审批、严格技术审查、加强后续管理，提高规划项目执行中的严肃性与指导性。编制出台《扬州市城市防洪规划》《扬州市城区水系规划》，组织完成《水资源保护规划》《农业面源污染防治规划》《水文化发展规划》《再生水利用规划》《水土保持规划》的编写工作。

（四）基础能力建设

扬州在试点建设期间，通过防汛抗旱、科技创新、水生态监测能力建设，全面提升了水管理基础支撑能力。包括开展水情、水质、水资源配置、水资源保护、城市水文监测站网和基地等基础设施建设，定期开展地下水位和水质监测；完善防汛防旱、水资源监测管理、河湖工程管理系统、水土保持及农田水利管理系统等业务应用系统，构建水利信息中心，全面提升信息化管理水平。水管理基础能力建设实现了水资源管理能力的高效提升，对扬州这座现代水城意义重大。

第三章

创建森林城市
打造绿美扬州

20世纪90年代后期，"生态城市"被国际公认为是21世纪城市建设的方向。"森林城市"作为"生态城市"的一种发展模式，以城市为载体，以城市森林建设为主要内容，城市建筑与植物种群之间达到合理布局，森林功能得以充分发挥的复合系统。森林城市可以给市民提供一个巨型"氧吧"，提高人们的生活质量，减少噪声，增加地下储水量。"森林城市"的提法最早源于美国和加拿大。20世纪80年代中期，台湾大学高清教授编著《都市森林》一书，与此同时，沈国舫、王义文等人将城市森林的有关概念引入国内。1992年举行了第1次城市林业研讨会，1994年中国林学会成立了城市林业专业委员会，自此，许多学者开始对城市森林开展研究工作。随着森林在当今社会中的地位越来越重要，我国政府提出创建国家森林城市这一概念，即指城市生态系统以森林植被为主体，城市生态建设实现城乡一体化发展，各项建设指标达到国家森林城市标准，并经国家林业主管部门批准授牌的城市，这是我国对城市生态建设的最高评价。

改革开放以来，特别是进入新世纪以来，扬州市委市政府积极策应国家、省大力发展现代生态林业和建设绿色江苏的号召，在中国林科院等单位的指导下，积极开展城市森林建设理论研究、实践探索和典型示范，推进城市森林建设，积极打造绿美扬州。1999年国家科技部和国家林业局以扬州古运河两岸生态建设与改造为试验，由中国林科院在全国率先建立了中国森林生态网络体系工程扬州古运河示范区；2002年国家科技部和国家林业局共同支持开展的中国森林生态网络体系建设研究与示范项目在扬州召开会议，彭镇华教授对中国城市森林建设提出具体的建设构想，就是城乡一体、以人为本、林水结合；2005年在中国林科院的支持下，扬州在全国地级市中率先制定了第一部城市森林建设规划即《扬州现代林业发展研究与规划》，并通过了专家认证。五年来，

扬州市按照扬州现代林业发展规划要求，大力发展现代林业，不断推进城市森林建设，全市森林生态、产业与文化建设迅猛发展，城乡森林生态环境显著改善。整个扬州从经济社会到自然风貌均呈现出一副"绿意盎然"的繁荣景象。

为进一步推进扬州城市森林建设、发展林业产业、弘扬生态文明，2009年6月，中共扬州市委五届七次全会作出了创建国家森林城市的决定，并将创建国家森林城市作为建设幸福扬州的重要载体，列入民生工程"1号文件"。在吸收和借鉴国内外特别是近几年扬州城市森林建设经验的基础上，根据《国家森林城市评价指标》要求，结合扬州实际，扬州市政府与中国林科院、国家林业局城市林业研究中心共同对2005年《扬州现代林业发展研究与规划》进行了修订，形成了《扬州市城市森林建设总体规划（2009—2020年）》，此次修订为创建国家级森林城市奠定了坚实基础（图3-1）。

2011年6月18日，在大连举行的

第八届中国城市森林论坛开幕式上，全国绿化委员会、国家林业局正式授予扬州等8座城市"国家森林城市"称号，这意味着扬州是一座被森林环抱的城市。自古扬州就是一个绿色的城市，绿色是扬州经年不变的主色调。"绿杨城郭是扬州"，是古人对扬州的赞美，而如今的"国家森林城市"则是时代对扬州的肯定。在席卷中国的城市化建设浪潮中，扬州坚守住了城市的个性，彰显了精致、秀美的城市特质。在创建森林城市建设中，扬州市坚持"为民、靠民、惠民"的理念，"让森林走进城市，让城市拥抱森林，增加城市'绿'量，提高城市品质，让百姓赢绿色收益，享绿色生活。"正如中共扬州市委书记谢正义所言，绿地、树林、花木是城市的品质标志，也是市民、公民的生态福利，而且是普惠的福利。森林扬州的建设将惠及生于斯长于斯的扬州人，惠及热爱这个第二故乡的外来人，更惠及他们的子孙后代。2017年9月，扬州市顺利通过国家森林城市复查，这标志着扬州市植树造林工作

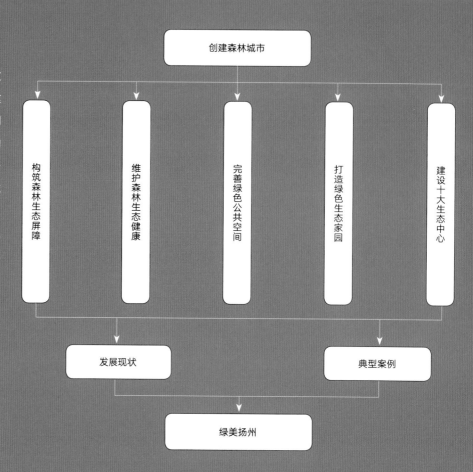

图 3-1 扬州市获得"国家森林城市"称号

取得了新的佳绩。

一是资源增加。扬州市森林覆盖面积从 182 万亩增加到 200 万亩，自然湿地保护面积从 52 万亩增加到 58 万亩，鸟类从不足 200 种增加到 240 多种，扬州城区每年新增绿地 100 万平方米以上。

二是产业快速发展。扬州市已经形成了花卉苗木、茶叶、果树、木材加工、野生动物驯养繁殖、森林旅游这六大高效林业产业，以及高邮特色水果、江都花木、仪征茶叶、邗江樱花樱叶、广陵芍药等特色产业。

三是环境显著改善。几年来，扬州市新建国家级湿地公园 1 个，新建省级湿地公园 3 个、省级森林公园 1 个、省级生态文明教育基地 2 个、湿地保护小区 7 个，新建生态中心 10 个、生态公园 121 个，绿色已成为扬州城市的底色、特色和品牌。

四是意识日益提高。扬州市各级政府高度重视绿化，社会舆论密切关注绿化，人民群众广泛热爱绿化，"植树造林光荣"的理念深入人心，广大市民绿化知识日益丰富、生态意识进一步增强，公众对绿化的获得感、幸福感大幅提升。

与此同时，扬州市为了巩固国家森林城市建设成果，先后编制实施了《实施全市绿杨城郭新扬州三年行动计划（2012—2014 年）》和《全市新一轮绿杨城郭新扬州三年行动计划（2016—2018 年）》。

《实施全市绿杨城郭新扬州三年行动计划（2012—2014 年）》对建设森林城市给出了指导性建议，并设立了四项总体目标，提出八项重点工程，具体包括：城市绿化提升工程、城镇绿化推进工程、绿色通道建设工程、村庄绿化完善工程、湿地保护恢复工程、林业产业发展工程、森林资源保护工程以及森林文化延伸拓展工程。三年行动计划的覆盖范围广，理念新颖，惠及全民。

经过三年的建设和发展，2015 年 10 月，在总结反思上一轮三年行动计划的基础上，扬州市林业局出台了《全市新一轮绿杨城郭新扬州三年行动计划（2016—2018 年）》。新三年行动计划提出"稳数量、提质量、增效益、强功能、创特色"的总体要求，提出五个统筹：一是统筹城市、郊区、农村三区绿化；二是统筹栽植、保护、利用三者结合；三是统筹林地、湿地、绿地三地管理；四是统筹生态、经济、景观三大效益；五是统筹绿化、美化、文化三项功能。提出"六项生态""一项保护""一项基础"共八项工程，"六项生态"工程指的是：生态中心建设工程、生态家园美化工程、生态湿地保护工程、生态廊道完善工程、生态产业推进工程、生态文化提升工程；"一项保护"工程指的是森林资源保护工程；"一项基础"指的是林业基础设施建设工程。新三年行动计划范围更广、强度更大、理念更新，反映出扬州市对生态文明建设愈加重视。

三年行动计划的制定，是对扬州市创绿活动的指导，充分体现出扬州市创建"绿杨城郭新扬州"的决心与信心，也深刻反映出生态文明理念在扬州扎根发芽。

第一节 创绿先行——构筑森林生态屏障

为了打造独具平原水乡特色的森林城市，扬州市全面规划建设了"一带连一轴，三区织三网"的森林生态屏障，一带，即以扬州市区为核心，东西连接江都和仪征市区，形成"一体两翼"沿江（长江）城镇绿化带；一轴，即以京沪高速公路和京杭大运河为纽带南北连接宝应县、高邮市和江都市有关乡镇，形成淮江城镇绿化轴；三区，即低山丘陵地区重点发展公益林，里下河地区重点发展用材林，沿江高沙土地区重点发展经济林；三网，即水系林网、道路林网和农田林网。

一、提升绿化覆盖率

为了巩固森林城市建设成果，扬州市不仅出台了《扬州市森林城市建设总体规划》和《绿杨城郭三年行动计划》，还针对林业发展实际，出台了《扬州市林业发展三年行动计划（2018—2020 年）》等多份相关文件。

城市绿化基调树种，应该是充分表现当地植被特色、反映城市风格、作为城市景观重要标志的应用树种。在充分调查了解了扬州市自然条件与地貌特征后，扬州市选用了黄连木（拉丁学名：*Pistacia chinensis* Bunge）、无患子（拉丁学名：*Sapindus mukorossi* Gaertn.）、改造后的悬铃木（拉丁学名：*Platanus acerifolia*（Ait.）Willd）等作为基调树种。同时，扬州市还选出了城市绿化骨干树种、乡土特色骨干树种以及园林特色骨干树种，并且规定了具体的配置模式以及养护技术。此后，扬州市不断增加森林面积，提高绿化覆盖率，并推进林业基础设施建设，配备现代林业技术装备，建立林业管理体系。与此同时，扬州市还动员全民参与绿化，组织植树造林活动，让"绿意"融入社会，惠及市民。

从 2011 年到 2016 年，全市共计造林 43.8 万亩，全市现有林地面积 94.8 万亩，2017 年，扬州市森林覆盖面积达 206.2 万亩，森林覆盖率达到了

23.04%。扬州彻底变成了一座被"绿"包围的城市，自古就有"红桥风物眼中秋，绿杨城郭是扬州"的美谈，如今扬州不负众望，保持并进一步阐述了"绿杨城郭"这一美称。

二、构建生态廊道体系

生态廊道是指不同于周围景观基质的线状或带状景观要素，是指具有保护生物多样性、过滤污染物、防止水土流失、防风固沙、调控洪水等生态服务功能的廊道类型。生态廊道主要由植被、水体等生态性结构要素构成，它和"绿色廊道"表示的是同一个概念。以生态廊道为基础串联起各个斑块，构建整个城市尺度的生态廊道网络，有利于维护城市空间结构的整体性和稳定性，对城市生物多样性保护具有重要意义。

扬州市的生态廊道包括森林城市总体规划中的道路绿色通道和河流绿色通道两方面。生态廊道是扬州市绿化资源的重要组成部分，正所谓林随路走、林随水转，有路就有林、有水就有林。扬州市十分注重水体沿岸和道路两侧绿化及自然生态保护，2011年创森成功时，扬州市已有95%的河道两侧、湖泊沿岸建成防护林。近几年，扬州市采用近自然的水岸绿化模式，对1111条、总长6060km的河流进行了更新、完善和提升，形成了平原水乡特有的水源保护林和风景带。按照路成绿化成的要求，全市道路林木绿化率达95%。此外，扬州市还对道路和重要节点绿化又进行了提升，较好地发挥了道路绿色通道的生态防护和绿化景观功能。

扬州市的生态廊道建设以河流水系和道路交通为主，呈现"一环、四楔、两廊、多核"的生态网络格局。一环：以润扬大桥北接线、西北绕城路、大运河（廖家沟）和长江围合成扬州城区的闭环。四楔：依托长江、京杭大运河和夹江、仪扬河等市区主要的水体，分别从市区西南、东南、东北、北部4个方向规划渗入城市内部的楔形绿地。具体布局分别为西南部润扬大桥滨江森林公园、东南部的夹江清水通道维护区、东北部的七河八岛生态中心及茱萸湾—凤凰岛风景区和北部的蜀冈—瘦西湖风景区。两廊：借助古运河和京杭大运河贯穿城区并直达长江的水环境优势，依水建林。多核：通过古运河和主要河流等形成的水网，串联沿河分布的个园、何园、普哈丁墓等历史文化名园。

其中，江淮生态大走廊是扬州市最具代表性的生态廊道，江淮生态大走廊涉及扬州的高邮市、邗江区、广陵区、江都区、宝应县5个县（市、区）42个乡镇，计划总投资250亿元，覆盖面积1800km²。扬州市处于江淮交界处，在江淮大走廊建设中承担着重要的责任。

（一）打造水岸风光带

水系是扬州市重要的生态廊道，开展沿岸造林工程，打造水岸风光带对于扬州市生态文明建设具有重要意义。

扬州市辖区内共有航道184条，总里程2288.48km。截至2014年，扬州市主要河道平均绿化率为40%～85%，其中干线航道绿化率约75%，湖泊水库周边绿化率约45%，里下河地区河道网及近郊河道绿化率为40%左右，各类小型河道、沟渠等绿化率达80%。虽然扬州市河道绿化率已经显著提高，但是在进行河道绿化的过程中，依然存在一些问题，全市河流绿色通道存在的主要问题是树种较为单一，林带较窄，部分地段连片无树，存在着空白，绿化的空间和潜力依然较大。

此后，扬州市积极开展生态护岸建设，在满足防洪安全及工程安全的前提下，提高护岸与河道之间、河道与陆地之间物质和能量的交换，构建陆生—湿生—水生的植物群落，适时提供亲水娱水的平台，并以此实现河道与地下水间水资源补给的增加，并通过提高滨岸带生物种群结构复杂程度，逐步形成了具有截流污染物功能的植被缓冲带。

扬州市还积极进行沿岸造林工程。主要建设内容包括：在扬州市域所有航道、流域性、区域性及重要跨县河道两侧、重要湖泊及小型河道周边可绿化地域丰富植被种群。并且以江都水利枢纽工程为中心，分别在长江扬州段、京杭大运河扬州段以及高邮湖、邵伯湖、宝应湖堤岸和其他主要河流两岸营造以水杉（拉丁学名：*Metasequoia glyptostroboides* Hu & W. C. Cheng）、枫杨（拉丁学名：*Pterocarya stenoptera* C. DC）等为主的水源涵养林，临城镇地段营造以香樟（拉丁学名：*Cinnamomum camphora*（L.）Presl.）、紫薇（拉丁学名：*Lagerstroemia indica* L.）、大叶女贞（拉丁学名：*Ligustrum compactum* Ait（Wall. ex G. Don）Hook. f.）等为主的风景林。其中长江防护林带宽100～120m，京杭大运河、淮河入江水道以及高邮湖、邵伯湖、宝应湖防护林带宽80～100m，仪扬河等主要支流两侧

营造各宽30～50m的生态防护林带。扬州市针对不同的地域特征选取了不同的栽植树种，设置了不同的栽植方案，实现了因地适宜、针对性建设，进一步完善了河道绿化体系。

（二）构建绿色通道网络

除了积极打造水岸风光带以外，扬州市在构建绿色通道网络中也投入了大量的心血。自2017年开始，扬州市开始在全市国省干线公路、高速公路、内河干线航道、港口码头、铁路沿线，开展为期三年的环境整治专项行动，以期全面提升交通干线沿线环境面貌、绿化水平和安全保障能力。

按照"彩色化、珍贵化、效益化"的要求，扬州市决定在公路用地外单侧宽度国道不少于20m，省道不少于15m实施绿化植树，提升绿化品质，打造与周边人文景观、自然环境、城乡风貌相得益彰的绿化长廊。经过一年多的建设，扬州全市国省干线公路沿线绿化总面积已达近2万亩，其中重点打造的611省道、353省道、233国道、333省道、356省道等路段，均大大超出省、市绿化要求。高速公路入口处更是下足了"绣花"功夫，扬州市对扬州西、扬州南等8个高速公路入口处进行改造提升，以靓丽的"门面"面对八方旅客。

【案例3-1】特色道路绿化

扬州市交通干道沿线绿化通过设计和建设，拥有了各自的特色。其中，江都区政府出台了《全区交通干线沿线和高速公路出入口环境绿化整治方案》，对宁启铁路、启扬高速、233国道、328国道、264省道、336省道、356省

道和352省道等共约169km交通干线进行全面绿化美化。江都区重点对国省干线主要交叉道口和集镇段等重要节点进行精心打造。根据方案要求，264省道以"黄绿"为基调，补植无患子（拉丁学名：*Sapindus mukorossi* Gaertn.）、香樟（拉丁学名：*Cinnamomum camphora*（L.）Presl.），打造春花烂漫江都路；352省道以"黄果实、绿"为亮点，栽种栾树（拉丁学名：*Koelreuteria paniculata* Laxm.）、香樟，打造夏木繁茂龙川景；233国道以"绿红"为主旋律，栽植落羽杉（拉丁学名：*Taxodium distichum*（L.）Rich.）、榉树（拉丁学名：*Zelkova serrata*（Thunb.）Makino）、香樟，打造秋叶静美景观路；356省道则以黄为总色调，补植银杏树（拉丁学名：*Ginkgo biloba* L.）5000余颗，打造初冬杏色龙川衢。

仪征市为迎接2018年江苏省园艺博览会和2021年世界园艺博览会（两园）的召开，重点打造S353省道绿化景观带，并且规划353省道绿化景观带有别于一般的城市道路绿化，它所要呈现的是一条集简单、纯粹、本土、自然、融合为一体的绿化景观带。要求景观带最大限度地利用现有的水体、田园、林带等资源，形成"一带、三层、三网、多点"的总体布局。其中"一带"即打造353省道沿线两侧森林景观带，"三层"即打造近道路30m内的近景、30～100m的中景、100～300m的远景三层景观效果，"三网"即打造道路林网、水系林网、农田林网，"多点"即打造道路节点、水系节点、迎面坡等主要节点。

三、严守永久绿地

城市绿地又称为开放空间，是城市生态系统的重要组分，城市绿地对于城市生态环境的优化，尤其是大气质量的改善，有着不可替代的作用，把它比作"城市绿肺"，是再合适不过的。一个城市的"颜值"高低与宜居指数，很大程度上取决于"城市绿肺"的健康度与肺活量。可以说，"城市绿肺"保护得越到位，与城市经济社会发展越合拍，往往说明城市管理治理的水平越高，市民享受到的绿色福利越多。

城市绿地深受市民钟爱，却也最容易在城市建设中受到伤害。城市快速扩张，用地越来越少，有些人便打起了基本生态控制线范围内土地的主意。为了保障城市基本生态安全，维护生态系统的科学性、完整性和连续性，防止城市建设无序蔓延，通过立法的形式划定绿地范围控制线，确立永久保护绿地制度，能够更好地保证绿地保护与管理的科学性、权威性，使得调整不能随性，处罚足够刚性，不让"城市绿肺"再失守。守护"城市绿肺"就得寸土不让，规划绿地一平方米也不能减。绿地范围控制线一经确定，只有在国家、省、市重大项目建设需要或者上位规划调整时，才能依照法定程序进行调整，并且要按照"总量不减、占补平衡"的原则补偿新的规划绿地。除此之外，所有占绿、损绿、毁绿的行为都会受到严厉的法律制裁。

"绿杨城郭是扬州"，绿色是扬州最鲜明的底色，而城市绿地则是这片绿色中十分重要的有机组成部分。永久绿地保护对于扬州来说显得尤为重要。早在2007年9月，扬州市五届人大常委会第29次会议就通过了《扬州市人民代表大会常务委员会关于建立城市永久性绿地保护制度的决议》，决议中明确指出：

（1）要建立城市永久性绿地保护制度，努力构建人与自然和谐发展的宜居环境；

（2）要抓紧做好永久性绿地的绿线划分工作，明确每个地块的保护范围、面积和内容，做到定位、定址、定量；

（3）要本着成熟一批，公布一批，保护一批的原则，分期分批确定永久性绿地保护名单并向社会公布；

（4）要严格执行永久绿地保护管理规定，对保护地块实施有效管理；永久性绿化地块一经确定不得随意变动或改作他用，更不得进行经营性开发建设；

（5）要强化对永久性绿地保护的监管。

自2007年开始，在之后的十年中，扬州市逐步履行了自己的承诺，加强永久绿地划分与监管，坚持履行城市永久绿地保护制度，在永久性绿地保护方面走在了全国前列。

此外，扬州市提出了5条永久性保护绿地确立的原则，这5条原则分别是：

（1）永久性保护绿地选址范围确定为扬州市区规划范围以内；

（2）永久性保护绿地应服从城市总体规划、城市绿地系统规划和生态保护规划，并符合相关城市绿化规划和设计规范要求；

（3）永久性保护绿地应拥有一定规模并具备良好生态及景观效益。优先选择建成三年以上，且面积达一万平方米以上的公园绿地、城

市风景名胜区、文保绿地、生态保护红线内的绿地以及符合设计规范要求的河道、道路配套绿化以外的绿地等；

（4）永久性保护绿地应坚持成熟一批、划定一批、公布一批、保护一批的实施原则；

（5）永久性保护绿地应结构均匀，布局合理，植物配置科学，景观层次丰富，充分满足市民和游客游憩活动的需要。

根据这五条原则，扬州市先后于2007年、2009年、2012年、2014年以及2017年确立了五批35块永久性保护绿地，至此，扬州市永久保护绿地总面积已达323.23万平方米。

【案例3-2】永久绿地调整

（1）案例背景：绿地范围控制线一经确定，只有在国家、省、市重大项目建设需要或者上位规划调整时，才能依照法定程序进行调整，并且要按照"总量不减、占补平衡"的原则补偿新的规划绿地。在扬州市永久绿地的建设过程中，永久绿地也经过了多次调整。需要注意的是，永久绿地的调整要遵守三原则：一是坚持公益项目调整原则，二是坚持先调整后占用原则，三是坚持占补平衡原则。

（2）案例内容：2012年，在扬州市七届人大常委会第二次会议中，市政府向市人大常委会提请了《关于调整城市部分永久性绿地用途的议案》。议案表示由于城市新万福路快速通道和西部客运枢纽中心建设，需要对3块永久性绿地进行相应调整。这三块永久绿地的调整是出于城市建设重点工程的需要，也就是即将开工建设的新万福路需部分占用漕河风光带、五

台山大桥桥头公园两块永久性绿地，扬州西部客运枢纽需部分占用扬州西出入口永久性绿地。新万福路工程项目和西部客运枢纽中心都是城市建设的重点工程，对于缓解城市交通压力，放大瘦西湖隧道功能，加快构建城市综合交通枢纽，形成铁路、公路、城市公交"三位一体"交通体系有着十分重要的作用。出于便民的需求，市政府提请调整这三块永久绿地。为了进行绿地调整，扬州市政府在前期的项目选址、现场勘查等方面做了大量工作，但因项目建设涉及永久性绿地调整，市政府及时向市人大常委会提出议案，市人大常委会坚持绿地调整程序，先进行了实地视察，随后听取了市政府相关汇报，最后报请市人大常委会审议同意后再实施项目建设。这一实施过程，充分体现了对市人大常委会决议的尊重，先调整后占用既符合市人大常委会决议的要求，又有效维护了决议的严肃性。

（3）示范作用：调整以后，永久绿地不减反增了 $16202m^2$。可以看出，扬州市在进行永久绿地建设的过程中，从市民百姓的利益出发，一心为人民着想。在进行绿地调整的过程中，坚决按照原则执行，为永久绿地制度的推行树立了良好的榜样，起到了显著的带头作用。

第二节 深化保护——维护森林健康

一、保护生物多样性

生物多样性是生物及其环境形成的生态复合体以及与此相关的各种生态过程的综合，包括动物、植物、微生物和它们所拥有的基因，以及它们与其生存环境形成的复杂的生态系统。生物多样性具有重要的生态环境价值，能够涵养水源、调节气候、净化空气、维持生态平衡。此外，生物多样性是人类社会赖以生存和发展的基础。我们的衣、食、住、行及物质文化生活的许多方面都与生物多样性的维持密切相关。随着生态文明建设的进行，生态多样性逐渐成为衡量一个地区环境质量的重要指标。

2014 年，江苏省颁布了《江苏省生物多样性保护战略与行动计划》，作为江苏省生物多样性的基础性、指导性、纲领性文件。扬州市委、市政府审时度势，随后颁布了《扬州市生态多样性保护战略和行动计划》(以下简称《计划》)。

《计划》中指出扬州市生态系统以人为形成的次生生态系统类型为主，主要有常绿和落叶阔叶林、灌木、农田生态系统、湿地，以及人文景观等类型。其中湿地生态系统和林地生态系统对扬州生物多样性组成发挥着重要意义。扬州市农委配合省林业局完成了 6 个样区两次野外野生动物资源调查，丰富了生物物种资源数据库。受环保部环境监测司委托，扬州市环境监测中心站与南京师范大学生命科学学院合作完成《扬州市生物多样性调查方案及试点研究》，以宝应湖为观测对象，开展生物多样性调查，并形成《扬州市宝应湖生物多样性年度调查报告》，为扬州生物多样性调查奠定工作基础，也为生物多样性的保护工作奠定坚实基础。

《计划》中详细分析了扬州市生物多样性保护现状，并设定了相应目标及战略任务。战略任务一：完善政策法规与管理体制；战略任务二：开展生物多样性调查、评估与监测；战略任务三：提高生物多样性就地与迁地保护水平；战略任务四：推进生态建设与重点流域污染防治、战略任务；五：加强生物安全管理和防范；战略任务六：加强宣传教育与公众参与。在每个战略任务中又细分为多个行动计划，全面阐述生物多样性保护工作的进行情况。此《计划》的制定，为扬州市生态多样性保护工作拉开了序幕，作为一座"水"和"绿"兼具的城市，生物多样性保护工作既是对森林健康的保护，又是对水生态系统的深入保护，对于扬州市的生态文明创建具有重要的现实意义。

【案例 3-3】水生生物多样性保护

扬州市农委渔政监督支队出台了多项措施来保护水生生物多样性。具体包括：

（1）长江禁渔期管理。长江禁渔期制度，是保护长江流域渔业资源的措施。农业部于2002年规定每年的4—6月在长江实施休渔，2015年调整为3—6月。扬州市从2002年开展禁渔工作以来，紧紧围绕"江面无渔船、水中无网具、市场无江鱼"的禁渔管理目标，加强组织领导，积极贯彻实施方案，全面落实管理责任，强化执法检查，为扬州市构建良好的渔业生产秩序提供了坚实保障，多次被部、省评为长江禁渔先进集体。

（2）打击非法捕捞。打击电、毒、炸鱼一直是扬州市渔政管理工作的重点，扬州市的"打非"工作已做到能与政府12345、公安110、及政府行风热线等联网。同时扬州市渔政加强与海事、公安等部门的合作，与海事局、公安局水上分局多次召开联合执法交流座谈会，分析打击电捕鱼面临的形势和存在的问题，建立起渔政公安协作响应机制，共同创建了联合执法

平台，极大地提高了"打击非法捕捞"的效率。

（3）设立水产种质资源保护区。为保护渔业种质资源，扬州市设立了长江扬州段四大家鱼、高邮湖大银鱼湖鲚、高邮湖河蚬秀丽白虾和宝应湖、邵伯湖、射阳湖等6个国家级水产种质资源保护区，保护区面积达13900公顷，保护品种涵盖青鱼、草鱼、鲢、鳙、中华绒螯蟹、大银鱼、湖鲚、秀丽白虾、青虾、鳜、黄颡鱼等20多个品种，有效夯实了渔业可持续发展的种质基础。

（4）开展渔业资源增殖放流。渔业资源增殖放流是改善渔业水域生态环境、恢复渔业资源、保护生物多样性的重要途径（图3-2）。扬州市农委多年来积极开展增殖放流活动，补充主要经济鱼类种群，获得了良好的生态效果和社会反响。2015—2017年，扬州市共投入增殖放流资金1080万元，放流青鱼、草鱼、鲢鱼、鳙鱼、河豚、胭脂鱼、细鳞斜颌鲷、鳜鱼、中华绒螯蟹和螺蛳等各类水生生物苗种4831.1万尾（只），补充主要水生生物种群。为了确保鱼种质量，保证放流苗种存活率，扬州市从鱼苗的放养到中间培育、日常管理，实施全程跟踪、全方位考察，由渔政、纪检、水产联合组成放流小组，亲赴现场，对鱼种养殖塘口、品种、规格、数量进行抽样检查，严格实行苗种验收，在鱼种装车前，对装车过程进行现场监督、检查鱼种质量。

（5）推进捕捞渔民转产转业。扬州市出台了《扬州市水生生物保护区全面退捕实施方案》，对扬州市涉及的7个保护区持证渔民进行了摸底统计，开展调查评估。在调查评估的基础上，

图 3-2 放流活动

扬州市对 2018 年退捕范围内所有捕捞户进行逐户登记，调查评估，核定补偿费用，限期与捕捞户
签订退捕安置协议书。

二、保育湿地生态系统

湿地是珍贵的自然资源，也是重要的生态系统，它是自然界最富生物多样性的生态景观，被誉
为"地球之肾"。湿地生态系统是湿地植物、栖息于湿地的动物、微生物及其环境组成的统一整体。
湿地覆盖地球表面仅有 6%，却为地球上 20% 的已知物种提供了生存环境，具有不可替代的生态功
能，因此享有"地球之肾"的美誉。湿地具有多种功能：保护生物多样性，调节径流，改善水质，
调节小气候，以及提供食物及工业原料，提供旅游资源等。由此可见，湿地在整个生物圈中具有举
足轻重的地位。

地处长江流域和淮河流域交汇区域的扬州，境内江、河、湖、水库、沼泽资源丰富，湿地类型
多、面积大，既有自然湿地，又有人工湿地。扬州市湿地斑块建设规划的总体格局为"三区三点"。
"三区"：包括里下河地区湿地斑块群、高邮地区湿地斑块群和邵伯湖及其周边地区湿地斑块群。"三
点"：宝应湖湿地、月塘乡地区湿地、长江湿地，如图 3-3 所示。

2017 年年底，扬州市自然湿地面积已达 122 万亩，其中受保护自然湿地面积 60 万亩，保护率
近 50%。扬州湿地生态区位十分重要。首先，扬州是南水北调东线工程的源头，长江是取水源，京
杭大运河和三阳河是输水通道；其次，高邮湖是国家重点湿地，邵伯湖、宝应湖、长江、京杭大运
河等是江苏省重点湿地，重点湿地近 87.1 万亩；再次，高邮湖、邵伯湖、宝应湖是淮河入江水道，

具有行洪、蓄洪功能，同时又是天鹅、灰雁等野生动物越冬迁徙之地。丰富的湿地资源为野生动物提供了良好的栖息场所，全市野生鸟类265种，其中国家重点保护鸟类有数十种。

"十二五"以来，在国家林业局、省林业局的关心支持下，扬州市以创建"国家森林城市"为契机，以湿地公园建设为抓手，陆续建立8个省级以上湿地公园，分别是宝应湖湿地公园、凤凰岛湿地公园、润扬湿地公园、高邮东湖湿地公园（图3-4）、江都渌洋湖湿地公园、宝应射阳湖湿地公园（图3-5）、江都花鱼塘湿地公园和邗江北湖湿地公园，保护了以湿地生态系统为主的国土面积约3502.2公顷，其中自然湿地面积1045.05公顷，提高全市自然湿地保护率1.28个百分点。

扬州市从多方面入手保障了湿地资源保护工作的顺利进行。其一，扬州市邀请技术支撑单位组建湿地公园建设智囊团，提高建园科技团队的参与度，保障规划的科学性。其二，扬州市制定政策加大财政投入、吸引社会资本参与，广筹资金保障湿地公园顺利建设。其中凤

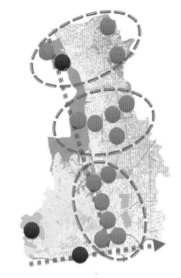

图3-3 扬州市湿地斑块建设规划总格局

凰岛湿地公园，实行了"PPP模式"引入民营集团参与项目建设，形成了地方政府与民营资本共建双赢的良好局面。其三，扬州市以"爱鸟周""世界湿地日"为契机，提高公园社会影响力。同时，在建设湿地公园的过程中，扬州市立足公园特色，差异化打造湿地公园，保留住了地域风貌，塑造了湿地公园的独特魅力。最后，扬州市还定期培训管理人员，并做定期考核，以保障湿地公园的良好运行。

创建森林城市 打造绿美扬州

图 3-4 高邮湖湿地

图 3-5 宝应湖湿地公园

第三节 和谐共生——绿色公共空间建设

党的十九大报告把"坚持人与自然和谐共生"作为新时代坚持和发展中国特色社会主义的基本方略之一，扬州也始终把人与自然和谐发展作为城市建设的目标要求。城市绿色公共空间建设是人与自然和谐共生发展的最直观体现，也是市民最具获得感的民生工程之一。

正是出于这些方面的考虑，扬州市始终坚持将城市发展、生态建设、民生工程相结合，推进建设具有扬州特色的绿色公共空间，成功打造了绿色宜居的"健康中国新样板"，彰显了绿杨城郭新风貌。

扬州市的绿色公共空间由综合公园（图3-6）、社区公园和口袋公园构成，大、中、小合理搭配。在公园建设过程中，扬州市始终坚持生态优先，依托自然生态资源和文化资源，为城市发展画出一幅四通八达的"绿色网格"；此外，在公园规划上，扬州市坚持以城为主、城乡联动，结合城乡特色，根据城乡居民需求，配备相应健身休闲项目，实现了城乡一体化发展。在公园建设中，扬州市始终注重因地制宜、顺势而为，尊重场地原生性，妥善处理生态保护和开发利用之间的关系，充分运用城市水系、林木、湿地、文化、园林、艺术等资源禀赋，尽可能减少对原地形改造和原有植被的破坏，尽可能提高绿化率，努力打造高品位的园林景观。此外，体育健身设施已经成为各级公园的必备设施，生态和运动的良好结合已成为扬州公园体系建设的最显著特点。在公园建设过程中，扬州市努力从百姓角度出发，建设精品公园：综合性公园充分体现扬州城市遗存、造园艺术、历史文化，打造生态和文化高地；社区公园突出"宜居性"，以满足各年龄段人群的需求；口袋公园做到"小而精"，充分利用桥下空地、边角地带，安置桌椅和健身设施，满足周边居民的休闲锻炼需求。

基于这些顶层设计，扬州市近三年在绿色公共空间建设方面取得了显著的成绩。截至2017年12月31日，全市共建成并对外开放198个开放式公园（其中综合公园22个、社区公园147个、口袋公园29个），初步形成了分布均衡、层次分明的城市公园体系，直接惠及500多个小区、150多万居

图 3-6 宋夹城体育公园

民，市区人均拥有公园绿地达 18.57m²，相当于每个居民都有一个"绿色客厅"。

2017 年 7 月底，扬州市人民代表大会常务委员会制定批准了《扬州市公园条例》（以下简称《条例》），从 2017 年 12 月开始实施，这是江苏省首部关于开放式公园的立法。《条例》把公园体系建设纳入城市建设的总体规划，明确公园体系发展和保护专项规划经市政府批准后，任何单位和个人不得擅自变更；确需变更的，公园数量和面积不得减少。且指明新建、改建、扩建的公园，树木栽种、路灯设计等均要符合进行统一设计规范，并包含公园每日使用时间要达到 16 小时，有特殊原因需要闭园应提前三日向社会公布等详细规定。这是基于过去两年，扬州市建立公园体系的经验进行的总结和提炼，通过在建设中总结，在总结中进步，扬州市公园体系建设愈加完善。

人民日报曾于 2018 年 1 月初刊文《舍得把好地块拿来建公园》，"点赞"扬州三年建成一百五十多个公园。此外，扬州市园林局规划 2018 年建造公园总计 65 个，计划建造面积更是达到了 322.46 公顷，公园体系建设成为扬州市一张靓丽的名片。

【案例3-4】三湾公园

（1）案例简介：三湾公园是扬州市公园体系中的五大核心公园之一，也是十大生态中心之一（图3-7）。然而，2014年以前，三湾公园还是一个"染化厂、养殖场等高污染企业违法排放、屡禁不止，古运河水质恶化，空气质量下降，生态环境遭受破坏"的地方。从2014年9月到2017年9月，3年时间，三湾公园变成了"城市南部的绿肺""城市南部经典景点"。

（2）建设内容：三湾公园总面积1520亩，秉承"创新、协调、绿色、开放、共享"的五大发展理念，既体现时代特点，又突出扬州文化传承，立足现有湿地资源，充分利用绿色生态技术，融合城市文化与历史记忆，通过景观传承城市文脉，以两大文化古刹为端点，以古运河为轴线，以三湾公园为核心，精心打造与瘦西湖相呼应的城市南部风景名胜区、体育休闲区、旅游度假区。运河三湾是水工文化的历史遗存。1597年（明万历二十五年），扬州知府郭光复在城南开挖新河，形成著名的"运河三湾"，即宝塔湾、新河湾、三弯子，这是我国古代劳动人民创造的一项伟大工程。三湾公园内的建筑、桥梁都有深厚的文化韵味，如凌波桥的设计灵感就是来自扬州的水，扬州是全国唯一一座与古运河同龄的城市，通过桥的形态设计与水流产生互动，彰显出"水城共生"的文化底蕴。三湾公园，是一个天生的湿地公园。为了保证湿地的水生态，在杜绝污染源头、河塘清淤的基础上，三湾公园建设充分融入了现代技术——以生态修复的手法，以海绵城市的建设理念，把公园打造成城市南部的"海绵体"，

三湾生态中心的水体，可以自我净化。三湾公园多水塘，因此在设计建设时，公园就充分利用各个水塘的高程差，结合人工管道的安装、鹅卵石驳岸的铺设、水生植物的栽植，实现水体自然流动、自然净化。经过检测，出水水质可达到II类水标准。作为城市绿肺，三湾公园绿化建设也是高标准的。公园西入口，50多棵盆景式的松柏"树阵"，给人视觉上的震撼。园内以香樟（拉丁学名：*Cinnamomum camphora* (L.) Presl.）、银杏（拉丁学名：*Ginkgo biloba* L.)等作为骨干树种，同时引种沙柳（拉丁学名：*Salix cheilophila*）、红豆杉（拉丁学名：*Taxus wallichiana* var. *chinensis* (Pilg.) Florin）等特色树种，公园植物种类有500种左右，草本植物近200种，三湾公园已成为扬州城市南部的"百树园""百草园"。公园中有一区域是"禁区"，即"核心保护区"，这一区域总面积有280亩。三湾公园核心保护区，目的就是保护湿地生态，实现人与自然的和谐共处。

（3）示范作用：三湾公园的建设既满足了市民的休闲、娱乐和健身等需求，还将成为南部区域发展的"引擎"，激活城市的活力，进而带动扬州市生态环境和经济的协同发展。

【案例3-5】口袋公园

（1）建设背景：虽然城市中心区在奥姆斯特德的设计下诞生了中央公园，作为解决工业化和城市化给城市环境带来的不平衡发展策略，然而中央公园，还存在不能解决的问题。中央公园平日早晨和傍晚的人流较多，人们进行跑步、骑车、瑜伽、遛狗等活动，而工作时段只有一些游客及老人、孩子，在曼哈顿上班的白

图 3-7 三湾公园

领不会想利用午餐时间匆匆去中央公园享受正午阳光和吃一顿午餐。因此为了解决高密度的城市中心区紧张的休憩环境,诞生了便捷和触手可及的绿地——口袋公园(图 3-8)。口袋公园非常形象地描述了城市中规模很小的城市开放空间,这些空间常呈斑点状散落或隐藏在城市结构中,为当地居民服务。城市中的各种小型绿地、小公园、街心花园、社区小型运动场所等都是身边常见的口袋公园。因为口袋公园具有选址灵活、面积小、离散性分布的特点,它们能见缝插针地大量出现在城市中,这对于

高楼云集的城市而言犹如沙漠中的绿洲,能够在很大程度上保护城市环境,同时部分解决高密度城市中心区人们对公园的需求 [1]。

(2)建设内容:2017 年 1 月初,扬州市的首个口袋公园于东方医院东侧建成,这里原先是一个小球场,由于建设很久,与周边环境很不协调。通过对这里进行了改造提升,将其打造成为口袋公园,这个口袋公园占地仅2500m²,经半个多月打造完成。虽然公园不大,但是功能齐全,很有韵味,与之前破破烂烂的景象相比,现在的口袋公园绿树成荫,在填土堆积的小坡上,栽种了香樟(拉丁学名:*Cinnamomum camphora* (L.) Presl.)、朴树(拉丁学名:*Celtis sinensis* Pers.)、榉树(拉丁学名:*Zelkova serrata* (Thunb.) Makino)、杜鹃(拉丁学名:*Rhododendron protistum* var. *giganteum*)、麦冬(拉丁学名:*Ophiopogon japonicus* (Linn. f.) Ker-Gawl.)等树木和花草,在公园的四周,

图 3-8 扬州市口袋公园

[1]　张文英 . 口袋公园——躲避城市喧嚣的绿洲 [J]. 中国园林,2007,23(4):47-53.

还栽种了广玉兰（拉丁学名：*Magnolia Grandiflora Linn*）、翠竹（拉丁学名：*Sasa pygmaea*（Miq.）E.-G. Camus）等，满眼绿色。公园因地制宜，功能布局十分巧妙，充分利用了有限的空间进行打造，一树一木，一花一草的布置都十分用心，十分精致，让人一走进去，就感觉心情舒畅。并且，公园设施十分齐全，不仅有球场、健身器械，还有广场和健身步道，附近居民既可以到公园内坐坐，也可以在里面运动健身。整个公园还充分采用了海绵城市的理念，广场和步行道路全部采用了扬州传统的"站砖"方式，雨水可以很快通过砖缝渗透到土层里，快速吸水。夏天由于透气，也避免了水泥混凝土或者柏油面层产生的热浪。

（3）示范作用：口袋公园虽小，但是五脏俱全，在建设口袋公园的过程中，不但融入了生态文明的理念，更是处处为市民着想，充分利用城市空间，在高楼大厦间融入点点绿色，让口袋公园变成一种生态理念，润泽扬州。截至 2017 年年底，扬州市已经建成口袋公园 29 座，公园体系建设愈加完善。

第四节 美化乡村——打造生态家园

生态家园建设也就是村庄绿化，建设生态家园是绿色江苏、平原绿化和生态文明建设工程的重要内容，是改善农村人居环境、全面达小康和建设社会主义新农村的重要方面。扬州市从 2006 年起开始创建省级村庄绿化合格村、示范村，此后按照谢正义书记关于打造"炊烟袅袅、绿树成荫"秀美乡村的要求，从 2015 年起，扬州市开始实施村庄绿化整体推进工程，请南京林业大学帮助编制了《全市村庄绿化实施方案》和《绿色村庄秀美家园》宣传手册，参照省级绿化示范村的标准，做到了"一村一图一表一方案"。2015—2016 年两年全面推进建设了 12 个乡镇，210 个行政村，2000 多个自然村。各村庄抓住机遇，大力推进村庄绿化建设，打造农村优美生态环境，各个县（市、区）整体推进乡镇建设，积极建设行政村，在百姓沟通、土地流转，资金筹措、苗木调运、新苗栽植等方面做出了巨大努力，总共栽植了苗木 600 余万株。

扬州市乡村道路绿化以常绿苗为主，家前庄台绿化以桃、梨、柿等果木为主，加上配植开花的紫薇（拉丁学名：*Lagerstroemia indica* L.）、桂花（拉丁学名：*Osmanthus fragrans*（Thunb.）Lour.）等灌木。其中有不少村形成自己村庄绿化的特色，如氾水镇每户配置的桂花较多，老百姓称之为"开门见贵（桂）"，西安丰镇苗圃村建成银杏路、樱花路，太仓村将临村小块地改植桃树（拉丁学名：*Amygdalus persica* L.）、沿河以栽植柳树（拉丁学名：*Salix babylonica*）为主，期望形成桃红柳绿的水乡特色。总之，全市村庄绿化水平有了明显提高，林木绿化率普遍在 30% 以上。

创建森林城市 打造绿美扬州

第五节 巩固提升——建设十大生态中心

2011 年扬州市创成国家森林城市，为巩固成果、提升水平，市委谢正义书记提出林业工作从全面推进向突出重点转变、从注重增量向注重提质转变，并要求每个县（市、区）至少建设 1 个 10km² 以上的生态中心。

生态中心建设在全省乃至全国均属首提首创。生态中心自 2012 年提出，2013 年规划，2014 年启动，经过努力和探索，目前扬州市在建生态中心 10 个，总面积 30 多万亩。各生态中心依托自身的区位优势、资源特色，实现错位发展和优势互补，已成为以保护生态、美化环境为前提，以造林绿化、湿地保护为重点，以改善民生、服务民生为目的，融林业、农业、旅游、文化、休闲、运动、科普、商贸、娱乐等两个以上功能，形成多功能、复合型、创新性的生态和产业综合中心。十大生态中心包括：

（1）宝应湖生态中心。规划面积 2.04 万亩，以宝应湖国家湿地公园为核心，依托原生态的湖泊湿地、水杉森林、地热资源，打造集生态与农业科普教育及有机产品、休闲度假等功能于一体的生态中心。

（2）高邮清水潭生态中心。规划面积 1.5 万亩，以原东湖省级湿地公园为依托，展示农耕文化、生态文化、水文化、绿文化，打造生态与文化并重、湿地与旅游结合的生态中心（图 3-9）。

（3）仪征枣林湾生态中心。规划面积 10.2 万亩，以枣林湾生态园为依托，构建"生态 + 旅游""生态 + 养生""生态 + 农业"融合发展机制，打造集运动休闲、特色旅游、养生养老、高效农业等功能于一体的生态中心。

（4）江都仙城生态中心。规划面积 3.3 万亩，依托江都现代花木产业园，按照"花木旅游"主题策划与开发建设，打造集产业观光、乡村休闲、花木交易、康居示范等功能于一体的乡村旅游集聚区。

（5）邗江蜀冈生态中心。规划面积 1.515 万亩，通过蜀冈西峰生态公园、体育公园及西城五湖生态区等改造提升，形成十里蜀冈绿色生态廊道，打造集生态、运动、人文、休闲等功能于一体的扬州城区西北部生态屏障、城市绿肺、运动中心（图 3-10）。

（6）广陵夹江生态中心。规划面积 1.83 万亩，依托夹江的水绿生态、现代农业的特色基础，以夹江风光带为核心、乡村旅游为特色，建设扬州的"菜篮子""鱼篓子"，打造集生态涵养、休闲旅游、农耕体验等功能于一体的生态中心。

（7）生态科技新城"七河八岛"生态中心。规划面积 7.725 万亩，依托河岛湿地、栖养温泉、原乡田园等资源，打造集栖游旅居、健康养生、运动休闲等功能于一体的扬州城市生态中心。

（8）瘦西湖生态中心。规划面积 0.75 万亩，依托丰富的水系资源，构建以宋夹城体育休闲公园为核心，打造扬州文化旅游度假生态中心。

（9）三湾生态中心。规划面积 0.3 万亩，运用现代手段体现扬州运河历史文化的遗存记忆，使其成为古运河旅游线中的重要节点，打造集生态保护、科普教育、休闲游览等功能于一体的湿地生态中心。

（10）扬子津生态中心。规划面积 0.57 万亩，位于城市总体规划中确定的仪扬河—夹江生态廊道的核心位置，并承担了城市南部体育休闲公园的职能。以生态保护、健康休闲、旅游开发等先进理念为指导，突出生态、健康、休闲等主题，充分利用和保护好区域内原有的地形地貌水系、植被，因地制宜，形式区域特色。

【案例 3-6】生态科技新城"七河八岛"生态中心

（1）基本情况：为了打造美丽中国的扬州样板，扬州在新型城市化过程中，进行了探索和创新，在邗江广陵两区交汇的区域，北起凤凰岛、南至夹江、西至廖家沟、东至高水河—芒稻河沿岸，总面积约 81km²，规划建设扬州市生态科技新城，该区域北部"七河八岛"区域由七条河流以及由其分割而成的八个岛屿组成，"七河八岛"区域地位重要、功能特殊，是城市发展重要的生态资源。境内自然资源丰富、湿地功能强大，水质完好，是南水北调东线工程输水通道和淮河入江水道，又是扬州市城市饮用水源保护地，被称为扬州的"绿肺"和城市的后花园，是扬州最佳人居环境的核心区域。

（2）建设内容：扬州生态科技新城的定位是打造未来扬州的"城市生态中心、区域交通中心、商务行政中心、科教创新中心"，并且按照"生态优先、水绿交融，展示实力、体现水平，产城融合、工住平衡，宜居宜业、新城新人"的总体要求，精心进行了规划设计，使之成为沿江地区融合发展的先行示范区、扬州现代化都市形象的新的集中展示区。"生态"和"科技"两大主题是新城的核心定位，目前该区域主要有 3 个特色板块。

①中部科技新城板块。新万福路以南、宁通高速以北区域，重点发展软件信息服务业、科教创新产业、智慧服务业以及与高铁枢纽产业相关经济，打造核心科技产业板块。

②北部生态板块。北部被称为"七河八岛"区域，由七条河流及由其分割而成的八个岛屿组成，区域水质优良，湿地功能强大，被称为扬州的"绿肺"和城市后花园（图 3-11）。北部泰安镇依托丰富的生态资源，全力打造"生态小镇、旅游小镇、温泉小镇、文化创意小镇、

图 3-9 高邮清水潭湿地风光

图 3-10 蜀冈生态中心

新型农业小镇与高端居住小镇"，在该区域实行"四控一禁"，适度发展生态农业、生态旅游、休闲度假等与生态保护相契合的产业。

③南部杭集产业园片区。南部杭集镇综合经济实力位于全市乡镇之首，主导产业主要是牙刷及其延伸的酒店日用品、包装材料、卫生用品等。依托良好的经济基础，全力打造"产业园、新产业培育区新人才蓄水池、产城融合工住平衡典范与富民强镇转型升级典范"。

（3）示范意义：生态科技新城是尝试将生态文明建设与经济建设融合到一起的一项具体实施方法，扬州市探索建立生态科技新城，为中国新时代生态文明建设以及经济社会发展提供了新的素材。此外，北部"七河八岛"区域生态环境保护工作，也为城市重要的湿地原始水生态功能区保护和重要水源地的安全保障提供了水生态建设与保护的样板。

【案例 3-7】瘦西湖生态中心

（1）基本情况：瘦西湖原名保障湖，位于江苏省扬州市城西北郊，总面积 2000 亩，水上面积 700 亩，游览区面积 100 公顷。"瘦西湖"之名最早见于文献记载为清初吴绮《扬州鼓吹词序》："城北一水通平山堂，名瘦西湖，本名保障湖。"乾隆元年（1736 年），钱塘（杭州）诗人汪沆慕名来到扬州，在饱览了这里的美景后，与家乡的西湖作比较，赋诗道："垂杨不断接残芜，

图 3-11 七河八岛生态中心

雁齿虹桥俨画图。也是销金一锅子，故应唤作瘦西湖。"瘦西湖在清代康乾时期已形成基本格局，有"园林之盛，甲于天下"之誉。1988年瘦西湖被国务院列为"具有重要历史文化遗产和扬州园林特色的国家重点名胜区"。2010年被授予国家AAAAA级旅游景区。2014年，被列入世界文化遗产名录。

瘦西湖主要分为14大景点，包括五亭桥、二十四桥、荷花池、钓鱼台等。其中"二十四桥"出自唐代著名诗人杜牧的诗句"青山隐隐水迢迢，秋尽江南草未凋；二十四桥明月夜，玉人何处教吹箫"。二十四桥由落帆栈道、单孔拱桥、九曲桥及吹箫亭组合而成，中间的玉带状拱桥长24m，宽2.4m，桥上下两侧各有24个台阶，围以24根白玉栏杆和24块栏板。徐园1915年建于原"桃花坞"旧址，为纪念军阀徐宝山而建的祠园。园门如望日的满月，门额书"徐园"两字，一楷一草，别有风味，为吉亮工所书。徐园内的主厅是"听鹂馆"，馆内有一副楠木罩阁采用上好的楠木精雕细刻而成，极为细腻，其他景点也各有特色深受游客的喜爱。

瘦西湖历经各朝各代，经历了漫长的演变与变迁，而瘦西湖的发展和变迁优势与社会的发展变化相对应的，政治的更替、文化的兴衰都对其发展产生了深远的影响。发展到现在，演变成这个风景优美的景区，其中蕴含着过去几百年来的文化与精神。瘦西湖是扬州的一张名片。新时代，经济迅速发展，国家和人民对美好生态环境的需求越来越迫切，基于此，扬州市委市政府在十大生态中心中特别提出瘦西

湖生态中心，不仅是为了给人民带来更好的生活环境，也为瘦西湖赋予了新时代的烙印。建立新时代的瘦西湖生态中心，有利于保护瘦西湖风景区的生态良好，符合持续发展的需要（图3-12、图3-13）。

（2）建设内容：瘦西湖生态中心规划在布局上顺应景区文化脉络，生态中心总体发展格局形成"一区两片"的布局结构和"东联西进、北延南下"的发展方向。一区：在现有的蜀冈—瘦西湖风景名胜区的范围基础上，形成主功能区，主功能区由绿杨村景区、瘦西湖景区、宋夹城景区、唐子城景区、蜀冈景区五个分区组成；两片：围绕花卉景观展示、生态休闲打造以小茅山垃圾填埋场为中心的瘦西湖园林花卉展示区和以景观工场为核心的瘦西湖园林工场展示区两个片区。根据生态中心的使用要求，统筹整合区内各类用地类型，并考虑其地理、自然条件，规划瘦西湖生态中心分为七大功能区：瘦西湖湖上园林游览区、宋夹城生态体育休闲区、绿杨村旅游休闲配套区、蜀冈历史人文游览区、唐子城遗址保护展示区、瘦西湖园林花卉展示区、瘦西湖园林工厂展示区。

（3）示范意义：瘦西湖生态中心的建设，既是对扬州古文化的传承，又是对扬州自然风光的保护，既符合生态文明建设的时代诉求，又吻合"绿杨城郭新扬州"的形象。作为十大生态中心之一，瘦西湖生态中心兼具生态、旅游、休闲、历史人文保护等多项功能，为生态文明建设提供了新样板。

图 3-13 瘦西湖生态中心"五亭春韵"

第四章

纯净扬州蓝
清爽新绿杨

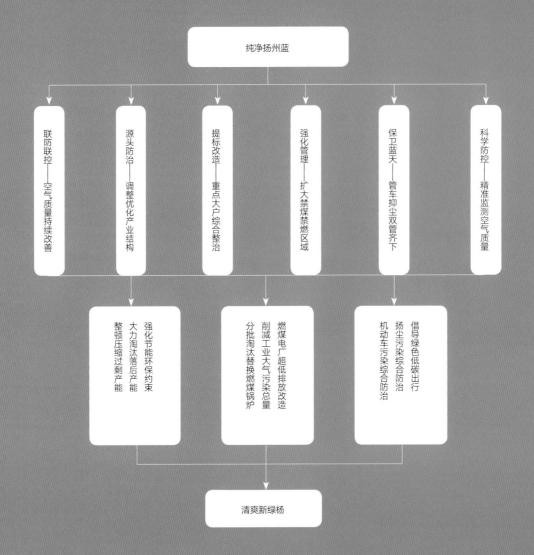

纯净扬州蓝

联防联控——空气质量持续改善

源头防治——调整优化产业结构

提标改造——重点大户综合整治

强化管理——扩大禁煤禁燃区域

保卫蓝天——管车抑尘双管齐下

科学防控——精准监测空气质量

整顿压缩过剩产能
大力淘汰落后产能
强化节能环保约束

燃煤电厂超低排放改造
削减工业大气污染总量
分批淘汰替换燃煤锅炉

倡导绿色低碳出行
扬尘污染综合防治
机动车污染综合防治

清爽新绿杨

随着工业化和城镇化的不断加快，大气污染已成为我国面临的最大挑战之一。大气污染严重危害人体健康，并给生态环境、气候变化和生产生活等带来了不利影响。在建设美丽宜居新扬州的过程中，扬州高度重视大气污染的防治工作，从源头防控到末端治理，任务层层分解，细化落实责任主体，空气质量明显好转。

第一节 联防联控——空气质量持续改善

党的十九大明确提出要着力解决环境突出问题。坚持全民共治、源头防治、持续实施大气污染防治行动，坚决打赢蓝天保卫战。近年来，扬州市大气污染特征从传统的燃煤型污染向煤烟、交通复合型污染转变，区域性灰霾和臭氧问题日益突出。对于大气污染防治，扬州市早在2010年便开始了"蓝天工程"，对于工业污染、机动车污染、油气回收治理、扬尘污染、挥发性有机物污染等各方面进行了详细的任务安排，同时加强各地区的能力建设以及环境空气质量监测预警，扎实开展大气污染防治工作。

扬州市大气环境治理的管理组织机制是自上而下的。2013年以来，扬州市贯彻落实国务院"大气十条"，全市上下围绕大气污染防治，做出了一系列环保重大决策。市政府与各县（市、区）政府、各功能区管委会以及市各有关部门签订大气污染防治目标责任状，层层分解目标责任，同时，建立大气污染防治联席会议制度，进一步强化联防联控、群防群控的工作机制，各成员单位紧密配合、上下联动、分工协作、履职尽责，在全市上下逐渐织就起一张严密的"大气污染严防严控之网"。以推进实施《扬州市大气污染防治行动计划实施细则》为抓手，以"治企、限煤、管车、抑尘、禁燃"为重点，实行"五气"同治、联防联控，取得了积极的成效，全市空气质量持续改善。

2016年12月，江苏省委、省政府正式提出开始实施"两减六治三提升"（简称"263"）行动，其中"两减"指减少煤炭消费总量和减少落后化工产能；2017年1月23日，在全市"两减六治三提升"专项行动暨生态文明建设、文明城市建设推进会上，中共扬州市委书记谢正义强调，要强势推进"263"专项行动，坚决打赢生态保护和环境治理这场硬仗。"263"专项行动堪称江苏"史上最严"的专项行动，完全符合习近平总书记系列重要讲话特别是视察江苏重要讲话精神，完全符合江苏的实际和扬州人民的期盼。作为生态文明建设走在全省前列的城市，扬州不仅坚决执行省里各项部署，还

纯净扬州蓝 清爽新绿杨

自加压力，力求"严于省要求、高于省标准、快于省进度"，坚决打赢"263"专项行动的"扬州战役"，努力走在全省最前列。2017年扬州市减煤减化工作超额完成省定目标，清爽扬州建设得到了进一步提升（图4-1、图4-2）。

扬州市大气治污水平不断提升，组织编制了《扬州市大气重污染应急预案》，及时发布重污染天气预警信息，对部分重点企业采取停产、限产或限排等手段，从源头减少空气污染排放，组织全市有序应对高污染天气。先后组织开展"保青奥""保公祭日""共保蓝天"等专项行动；推进开展大气源清单建设和PM2.5源解析工作，为精准施策、科学治污提供了决策依据。

扬州市近五年PM2.5浓度值持续下降，2017年PM2.5年平均浓度比基准年2013年下降22.9%，圆满完成"大气十条"要求的到2017年PM2.5浓度值比2013年下降20%的目标（图4-3）。2014年，因PM2.5降幅超过7%，和南通、淮安、徐州、盐城等城市一起，被省政府授予2014年度"大气污染防治优秀城市"荣誉称号，分别获得100万元奖励。2015年被省政府表彰为大气污染防治优秀城市，2016年为良好城市。

图 4-1 扬州文昌阁上空的蓝天白云

图 4-2 暮色下的广陵大桥

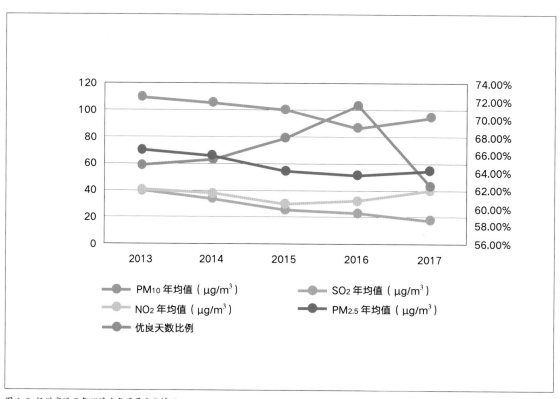

图4-3 扬州市近五年环境空气质量变化情况

第二节 源头防治——调整优化产业结构

当前我国粗放型工业发展模式仍没有实现彻底转变，资源消耗高，污染排放大，受国际金融危机的深层次影响，国际市场持续低迷，国内需求增速趋缓，我国部分产业供过于求矛盾日益凸显，传统制造业产能普遍过剩，特别是钢铁、水泥、电解铝等高消耗、高排放行业尤为突出。过剩产能消耗大量资源，引发额外的环境代价，是可持续发展过程中势必被淘汰的一部分。

2012 年，扬州市煤炭消费居高不下，复合型大气污染日益突出，工业污染是最主要的大气污染源之一。为有效防治大气污染，扬州市积极淘汰落后产能，严控"两高"行业新增产能，优化产业结构，从源头削减工业生产造成的大气污染。

一、整顿压缩过剩产能

在加快推进工业化、城镇化的发展阶段，市场需求快速增长，一些企业对市场预期过于乐观，盲目投资，加剧了产能扩张；部分行业发展方式粗放，创新能力不强，产业集中度低，没有形成由优强企业主导的产业发展格局，导致行业无序竞争、重复建设严重。过剩产能会加剧资源环境与社会经济发展之间的矛盾，造成严重的环境污染。化解产能严重过剩矛盾必然带来阵痛，有的行业甚至会伤筋动骨，但从全局和长远来看，遏制矛盾进一步加剧，引导好投资方向，对加快产业结构调整，促进产业转型升级，防范系统性金融风险，保持国民经济持续健康发展意义重大[1]。

为有效削减大气源头污染，扬州市严格治理城内污染，政策先行，积极整顿压缩过剩产能，建立了以节能环保标准促进"两高"行业过剩产能退出的机制，并制定了财政、土地、金融等扶持政策，支持产能过剩"两高"行业

---

[1]　《国务院关于化解产能严重过剩矛盾的指导意见》。

企业退出、转型发展，通过跨地区、跨所有制企业兼并重组，推动过剩产能压缩，妥善处理产能严重过剩行业违规在建项目。以壮士断腕的勇气，大力开展钢铁、水泥等产能过剩行业违规建设项目整顿，对未批先建、边批边建、越权核准的违规项目，尚未开工建设的不得开工；正在建设的责令停工。

为进一步整顿过剩产能，促进资源节约型、环境友好型社会建设，扬州市对工业园区进行了生态化循环化改造。对全市 9 个省级以上经济开发区，12000 多家企业，大力开展企业循环式生产、园区循环式发展、产业循环式组合，逐步构建成循环型工业体系。2015 年，扬州市经济技术开发区、50% 以上的省级园区、20% 的市级工业集中区实施生态化和循环化改造；2017 年，80% 以上省级园区创成生态工业园，主要有色金属品种以及钢铁的循环再生比重达到 40% 左右。

二、大力淘汰落后产能

落后产能主要是企业地方政府的利益驱动，落后产能可以产生就业、提高 GDP、创造税收，当然还能给企业带来利润。而落后产能的利益主要来源于环境资源代价，即高污染、高排放、高消耗、高能耗的社会成本不能内化到企业的生产成本中，淘汰落后产能的难点也在于利益的冲突。但在社会总资源不断消耗的情况下，只有淘汰落后产能才能为先进产能腾出发展空间，才能不断优化产业结构，实现可持续发展，促进环境质量不断好转。[1] 扬州市作为生态文明走在前列的绿色城市，深知环境保护与经济发展的内在联系，铁腕治污，大力开展落后产能淘汰工作，把大气污染防治放在社会发展的首位。

扬州市结合产业发展实际和环境空气质量状况，按照国家、省要求，重点在炼钢、炼铁、水泥、印染、铸造、电镀、铅蓄电池等高污染行业，大力开展落后产能淘汰行动，并在实践中不断探索，不断细化工作任务和目标。2013 年扬州市率先关闭了宝应县两座建材厂，高邮市必勋蓄电池厂，淘汰了华富能源有限公司 41 万千伏安时铅蓄电池、欧力特能源科技有限公司 36 万千伏安时铅蓄电池等落后生产设备，淘汰了仪征市毛纺织有限公司 1335 万米布、仪征市中兴涤纶纤维厂 3 万吨涤纶纤维。2014 年以后则在此基础上进一步细化工作，对于重污染企业依法进行淘汰关停，开展市直企业"出城进园"行动，不断优化产业结构。在淘汰落后企业、生产设备的同时，制定了明确的产能淘汰目标，即 2014 年淘汰铸造行业落后产能 4 万吨、铅蓄电池行业落后产能 20 万千伏安时、纺织行业落后产能 1 万吨纱锭；2015t 淘汰铅蓄电池行业 310 万千伏安时极板、光伏制造业 1500t 单晶硅、纺织行业 1 万吨纱锭、电镀行业 1000t 镀铬落后产能；2016 年，淘汰电镀行业落后产能 0.3 万吨；2017 年，支持和引导钢铁企业逐步退出 500m³ 及以下的炼铁高炉、45t 及以下的

[1]　苏汝劼. 建立淘汰落后产能长效机制的思路与对策 [J]. 宏观经济研究，2012（5）；80-82.

炼钢转炉和电炉。

　　扬州通过完善淘汰落后产能公告制度和目标责任制，确保了目标的落实；同时建立提前淘汰落后产能激励机制，鼓励企业加快生产技术装备更新换代；对布局分散、装备水平低、环保设施差的小型工业企业进行全面排查，制定综合整改方案，实施分类治理。完整的行动机制，强力的执法行动，形成了扬州落后产能预防机制，防止了新增落后产能的出现，将落后产能的社会成本内化到了企业的生产成本中，取得了大气环境质量改善的生态红利。

三、强化节能环保约束

　　扬州市在积极整治现有工业企业的同时，提高了节能环保准入门槛以及大气污染重点行业准入条件，对符合准入条件的企业进行公布并实施动态管理。严格实施污染物排放总量控制，将二氧化硫、氮氧化物、烟粉尘和挥发性有机物总量控制要求，作为建设项目环境影响评价审批的前置条件。对未通过能评、环评审查的项目，有关部门不得审批、核准和备案，不得提供土地，不得批准开工建设，不得发放生产许可证、安全生产许可证、排污许可证，金融机构不得提供任何形式的新增授信支持，有关单位不得供电、供水。对钢铁、水泥、平板玻璃、船舶等产能过剩行业，不再审批、核准和备案新增产能项目，将不符合环境友好的企业及时拒之门外，防止新增污染进入。

　　为进一步强化企业节能环保，扬州市积极落实排污许可证制度。排污许可证制度是以改善环境质量为目标，以污染物总量控制为基础，规定排污单位许可排放的污染物、许可污染物排放量、许可污染物排放去向等，是一项具有法律含义的行政管理制度，是对排污者排污的定量化。2017 年，扬州市按照全省统一部署，对全市火电、造纸钢铁、水泥、农药、制药、印染、制革等 15 个行业共 94 家企业核发了排污许可证。一企一证，权责清晰，将污染治理与环境质量目标紧密地结合起来，对于大气污染源头防治具有重要意义。

第三节 提标改造——重点大户综合整治

钢铁、水泥、石化、火电等重点工业行业耗能高、污染高，是典型的污染大户，为有效治理大气污染，保卫蓝天，必须要对污染大户进行彻底的改造整治，不断提高清洁生产水平。扬州市结合自身实际，积极减煤减化，治理大气污染，完成了全市燃煤小锅炉的淘汰替换，热电厂的超低排放改造，废气治理设施也更加完善，清洁生产水平显著提高。

一、分批替代淘汰燃煤锅炉

扬州市的能源消费结构以煤炭为主，2013年全市煤炭消费总量约1600万吨，其中锅炉煤炭消费量约1350多万吨，占全市煤炭消费总量的84.38%。锅炉作为煤炭消费大户，排放大量的二氧化硫、氮氧化物和烟尘等大气污染物，导致大气污染物排放量远超出环境承载能力，严重影响人民群众的身体健康，制约社会经济可持续发展。

扬州市把控制煤炭消费总量作为大气污染防治的关键举措，制定了全市煤炭消费总量控制方案，将煤炭消费总量控制目标分解至各县（市、区）及重点行业，严格控制电力行业煤炭消费新增量，重点削减非电行业煤炭消费总量。新建项目禁止配套建设自备燃煤电站，耗煤项目实行煤炭减量替代。除热电联产外，禁止审批新建燃煤发电项目。扬州市的煤炭控制从燃煤锅炉入手，从小到大，因为燃煤小锅炉规模小且分散，燃烧经济性差，难以采用高效的烟气处理设施，所以需要率先进行淘汰。2013年，扬州市对少量的燃煤锅炉进行了淘汰或改造；2014年在已有经验的基础上，对全市299家单位的10蒸吨/小时以下的燃煤小锅炉进行了清洁能力改造或淘汰；2015年完成了各乡镇区、各类工业园区内397台燃煤小锅炉淘汰替换；到2017年，建立了统一编号的燃煤锅炉清单，逐一明确整治方案，全面淘汰、替换了10蒸吨/小时及以下燃煤高污染燃料锅炉，并根据全省"两减六治三提升"

专项行动要求，完成了7台35蒸吨／小时及以下燃煤锅炉的淘汰替换。

燃煤锅炉的清洁生产改造，一方面采用煤炭洗选加工、煤炭高效清洁燃烧、煤炭气化等煤炭清洁化利用技术，禁止燃用高硫、高回复煤炭。另一方面以入选国家首批新能源示范城市为契机，充分发挥新能源产业优势，积极发展太阳能光伏发电和生物质能发电，提高新能源和可再生能源发电能力，优先调度生物质发电、太阳能光伏等新能源和可再生能源发电，实现全部上网、全额收购。重点推进了扬州经济技术开发区非居民分布式光伏发电、林泽镇光伏发电等项目建设。

为减少煤炭消费，扬州市多管齐下，在整治燃煤锅炉的同时开展集中供热，积极发展热电联产项目，例如江苏国信高邮热电联产工程、扬州化工园区供热中心项目，一期新建3台220t水煤浆锅炉，同步建设管网。2015年，省级以上工业园区全部实现了集中供热或清洁能源供热，其他工业园区基本实现了集中供热。城市建成区则结合大型发电或热电企业，进行供热管网等基础设施建设。

【案例4-1】扬州五亭食品有限公司燃煤锅炉改造

（1）基本情况：扬州五亭食品有限公司是江苏省农业产业化重点龙头企业，扬州唯一一家全国主食加工示范企业。公司主产品为扬州速冻包点，1995年起率先在国内实现了速冻包子工业化生产，2008年又成为北京奥运会和残奥会的餐饮供应企业，产品远销海内外十几个国家和地区。公司现有职工600余人，是一个典型的劳动密集型生产企业，每年职工工资和上缴社会统筹1800万元，缴纳税费600多万元。

（2）建设内容：根据《扬州市燃煤锅炉大气污染整治方案》的要求，该公司积极响应政府号召，切实履行责任，克服重重困难，坚定的推进燃煤锅炉淘汰替换。企业合计投入资金贰佰万元左右，新购置并安装了二台4t燃气锅炉，淘汰原两台4t燃煤锅炉，在改造过程中，通过环保、社区、燃气公司等多方协调周边单位及邻里关系，最终选择了施工难度大、造价高，但对周边影响小且符合安全的施工方案。2014年8月，企业停用拆除了两台锅炉，燃气锅炉自2014年9月建成投运，使用天燃气锅炉相比较燃煤锅炉，年增加运营成本200多万元。

（3）示范作用：企业克服资金困难和市场变幻，想方设法筹措资金，按照政府要求投入巨资按期完成改造，为扬州市的燃煤锅炉整治起到了很好的示范与带头作用。

二、削减工业大气污染总量

工业污染是大气污染的主要人为源之一。工业生产过程的排放：如石化企业排放硫化氢、二氧化碳、二氧化硫、氮氧化物；有色金属冶炼工业排放的二氧化硫、氮氧化物及含重金属元素的烟尘；酸碱盐化工业排出的二氧化硫、氮氧化物、氯化氢及各种酸性气体；钢铁工业在炼铁、炼钢、炼焦过程中排出粉尘、硫氧化物、氰化物、一氧化碳、硫化氢、酚、苯类、烃类等。这些污染物排放到空气中还会进一步发生反应，形成二次污染物,成分更加复杂,治理难度更大,所以最好的污染治理方式就是不产生或少产生污染,即源头防控。

扬州市工业大气污染以烟气和挥发性有机物最为突出,为此市委、市政府分行业进行整治,对相关企业从生产过程到末端治理,进行污染物全过程管控。

(一)重点工业行业烟气治理

烟气是气体和烟尘的混合物,包含了水蒸气、燃料的灰分、煤粒、油滴以及高温裂解产物等,对环境的污染是多种毒物的复合污染。烟尘对人体的危害性与颗粒的大小有关,对人体产生危害的多是直径小于 10 μm 的飘尘,尤其以 1~2.5 μm 的飘尘危害性最大。烟气是扬州市灰霾天气的主要成因,有效防治烟气污染,消除灰霾是扬州市大气污染防治的重点。

扬州市分行业对重点排污单位进行清洁生产改造。2014 年完成了燃煤电厂烟气治理设施的提标改造;2015 年,对石油炼制企业的催化裂化装置全部配套建设了烟气脱硫设施,硫磺回收率达到了 99% 以上;有色金属冶炼行业完成了生产工艺设备更新改造和治理设施改造,二氧化硫含量大于 3.5% 的烟气采取制酸或其他方式回收处理,低浓度烟气和排放超标的制酸尾气进行脱硫处理;电子玻璃工业、陶瓷工业大气污染治理也按要求完成了提标改造。2016 年全市废气处理设施为 1279 套,是 2013 年的 3.1 倍;脱硫设施 69 套,比 2013 年增加 18 套(图 4-4)。

(二)化工行业挥发性有机物治理

挥发性有机物的主要成分有:烃类、卤代烃、氧烃和氮烃,它包括:苯系物、有机氯化物、氟利昂系列、有机酮、胺、醇、醚、酯、酸和石油烃化合物等,而具致畸、致癌性的多环芳烃是人体健康的重要杀手之一。挥发性有机物的来源复杂,化工行业是主要污染源之一。

扬州市依法采取"限期治理一批、停产整治一批、取缔关闭一批"等措施,在全面调查分析的基础上,建立了 VOCs 重点整治企业名录及年度整治计划和实施方案,全市累计完成治理了 201 家,并建立了 VOCs 监管体系:2015 年,完成化工园区以及挥发性有机物重点排放行业污染调查工作,编制挥发性有机物污染源清单。加强有机化工、医药、表面涂装、塑料制品、包装印刷等挥发性有机物排放重点行业综合整治,全面推进有机废气综合治理。2016 年,完成了 6 家企业的泄漏检测与修复(LDAR)体系建设和 VOCs 综合整治,以及 25 家化工、包装印刷、表面涂装等行业的 VOCs 综合整治任务,并建立了相应的台账资料来确保治理设施稳定运行。2017 年,石化、化工等行业全面推广"泄漏检测与修复"技术,完成了市化工园区和重点企业废气排放源整治工作,并根据江苏省"两减六治三提升"专项行动要求,关停化工企业 112 家,超额完成了省定 72 家的目标任务。2018 年,扬州市强制实施重点行业清洁原料替代,对印刷包装、集装箱、交通工具、机械设备、人造板、家具、船舶制造等行业,全面使用低 VOCs 含量的涂料、胶黏剂、清洗剂、油墨替代原有的有机溶

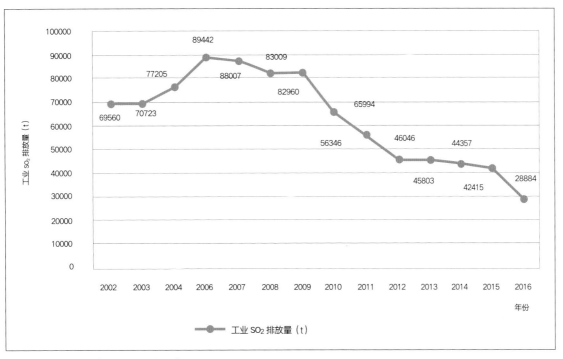

图 4-4 扬州市近年来工业 SO₂ 排放情况

剂；为强化 VOCs 管控，要求重点化工企业建立泄漏检测与修复（LDAR）管理系统，化工园区则建立统一的 LDAR 管理系统。

三、燃煤电厂超低排放改造

2015 年 12 月 2 日，国务院常务会议决定，在 2020 年前，对燃煤机组全面实施超低排放和节能改造，大幅降低发电煤耗和污染排放。超低排放，是指火电厂燃煤锅炉在发电运行、末端治理等过程中，采用多种污染物高效协同脱除集成系统技术，使其大气污染物排放浓度基本符合燃气机组排放限值，即烟尘、二氧化硫、氮氧化物排放浓度（基准含氧量 6%）分别不超过 5 mg/m³、35 mg/m³、50 mg/m³，比《火电厂大气污染物排放标准》GB 13223—2011 中规

定的燃煤锅炉重点地区特别排放限值分别下降 75%、30% 和 50%，是燃煤发电机组清洁生产水平的新标杆。

扬州市主要的燃煤电厂有江苏国信扬州发电有限责任公司、华电扬州发电有限公司、扬州威亨热电有限公司等。扬州市热电厂在政府引领下，把握发展趋势，主动作为，走出了环保领先、节能技改、标本兼治的清洁生产之路，为火电企业节能减排，绿色发展提供了经验。

扬州市在对燃煤电厂改造的同时，对重点企业的燃煤机组也按要求进行了超低排放改造。2016 年开始，扬州对中国石化仪征化纤有限责任公司热电生产中心锅炉烟气进行超低排放环保升级改造，热电中心共有 4 台机组，每组 60 兆瓦，截至 2018 年 4 月，改造工程已全部结束。根据"263"专项行动的要求，未来扬州将分阶

段、分区域对各类锅炉按国家和地方排放标准完成整治，大力实施《热电联产规划》，全面推广集中供热，加快现有热源点整合，推动大型机组改造供热。

【案例4-2】扬州威亨热电有限公司停炉转型

（1）基本情况：扬州威亨热电有限公司隶属于市城控集团，为扬州集中供热20年，曾占扬州供热市场份额的80%，热用户达180多家，热线管网85km。随着城市发展规划调整和环境保护的要求不断提高，其环境污染问题日益突显。2015年，环保部华东环境保护督查中心检查发现，扬州威亨热电有限公司二氧化硫、氮氧化物、烟尘长期超标排放，根据《环境违法案件挂牌督办管理办法》，对其进行环境违法案件挂牌督办。扬州市委市政府也因为设备老化，废弃超标排放的原因，将其列为2015年大气污染防治重点工程。

（2）建设内容：2015年7月3日，扬州威亨热电有限公司2#发电机组正式停止生产，燃煤机组功率全部归零。然而停炉并不意味公司的关闭，为了保证企业的生存发展，扬州市制定了热电联产规划，即扬州威亨热电与国信扬州发电厂（第二电厂）及扬州港口污泥发电厂（协鑫热电）分别联姻合作，实施热源替代。这三家企业原本都生产大量热水、蒸汽，如果各自产热供热，不仅要投入巨资，建设各自的供热管道和设施，造成重复投资，资源浪费，增大用地总量，还容易在经营中引发矛盾，造成市场紊乱。而三家产热、供热企业牵手合作，

打破了分区供热界限，实行厂网分开、热网专营，是避免重复投资、提高供热效率和安全供热的发展模式。三企业"联手合作"，使资源得到合理有效利用，促进了节能和环保，减少了排放。

（3）示范作用：威亨热电在关停锅炉，实施热源替代后，每年为扬州市区燃煤减少近20万吨，减排二氧化硫2400t，减少了粉尘对周边居民的影响。在成功转型成为扬州市集中供热专营公司后，肩负起了整个扬州城市供热的运营和调配。在原有供热面覆盖的基础上，逐步拓展了扬州市北区、东区、江都区的供热市场，多渠道组织热源，优化供热管网，探索出了一条适合扬州城市热电联产和集中供热发展的有效途径。

【案例4-3】江苏华电扬州发电有限公司超低排放改造

（1）基本情况：江苏华电扬州发电有限公司（以下简称扬电公司），位于扬州市东北郊，始终坚持绿色发展理念。早在2004年1月7日，扬电公司脱硫工程项目通过国家发改委组织的验收，成为江苏省电力系统第一家实施脱硫环保项目的发电厂。近年来，扬电公司积极响应国家生态文明建设战略部署，采用BOT模式对两台33万千瓦机组烟气进行脱硝改造（SCR法），攻克锅炉原基础地下条件复杂、脱硝基础施工困难，锅炉钢架加固改造难度大等诸多困难。2013年7月，两台机组脱硝改造工程双双高质量投入运行，脱硝系统的效率分别达到86.7%和84%，超出设计值，每年减少氮氧化合物排放3000多吨。

（2）建设内容：面对 2020 年前东部地区燃煤机组实现超低排放的政策要求，为适应国家未来进一步提高排放指标留有富裕量，避免二次改造，2014 年 11 月起，同步实施脱硝、脱硫、除尘和降温升温系统改造以及配套引增合一风机改造。2015 年 6 号机组（30 万千瓦）完成超低排放改造，改造静态总投资达 2.218 亿元，改造后二氧化硫排放浓度 8 ~ 24mg/m³、烟尘排放浓度 2.1 ~ 3.5mg/m³、氮氧化物排放浓度 27 ~ 33mg/m³，排放浓度及烟气黑度满足《火电厂大气污染物排放标准》、天然气燃气轮机排放限值，氨排放浓度及速率满足《恶臭污染物排放标准》限值要求；2016 年 7 号机组（30 万千瓦）完成超低排放改造，经江苏省环境监测中心检验，达到了预期目标。

（3）示范作用：扬电公司两大机组的超低排放改造，成为了华电集团煤耗标杆机组，这是六号机组荣获"全国火电机组 30 万千瓦级亚临界纯凝湿冷机组竞赛一等奖"和"全国火电机组 30 万千瓦级亚临界纯凝湿冷机组单项指标竞赛供电煤耗最优奖"之后，在节能减排上再次实现的新突破，为扬州市大气污染减排做出了贡献，也为同行业的锅炉改造提供了借鉴。

【案例 4-4】江苏国信扬州发电有限责任公司超低排放改造

（1）基本情况：江苏国信扬州发电有限责任公司（又称扬州第二发电有限责任公司）共有四台 63 万千瓦超临界燃煤发电机组，分两期建成。一期于 1996 年 3 月 28 日正式开工，#1、#2 机组分别于 1998 年 11 月、1999 年 6 月投产，二期于 2005 年 5 月 18 日正式开工，工程同步配套脱硫设施，#3、#4 机组分别于 2006 年 10 月、2007 年 1 月投产。

（2）建设内容：自 2014 年起，该单位即积极进行烟气超低排放改造，先后投入 4 亿多元，对全部四台机组进行超低排放改造，2015 年 4 月完成 #1 机组的超低排放改造，2016 年 4 月完成 #2 机组的超低排放改造，2016 年 1 月完成 #3 机组的超低排放改造，2017 年 4 月完成 #4 机组的超低排放改造，其中 #1 机组烟气污染物超低排放改造工程，被列入全省第一批燃煤机组超低排放示范工程名单

（3）示范作用：该单位 4 台机组全面完成改造后，排放指标为烟尘浓度小于 5mg/Nm³，SO_2 浓度小于 35mg/Nm³，NOx 小于 50mg/Nm³，合计减排二氧化硫、氮氧化物、烟尘每年分别约 9000t、2800t、1200t，为扬州市大气主要污染物减排做出了突出贡献。

第四节 强化管理——扩大禁煤禁燃区域

依据《中华人民共和国大气污染防治法》第三十八条，城市人民政府可以划定并公布高污染燃料禁燃区，并根据大气环境质量改善要求，逐步扩大高污染燃料禁燃区范围。高污染燃料的目录由国务院环境保护主管部门确定。

为保护大气环境，清爽美丽扬州，扬州市于 2003 年第一次划定了高污染燃料禁燃区，范围为主城区及周边地区，共 40km²。2012 年，扬州市颗粒物污染加重，为进一步强化区域环境管理，2013 年，市政府印发了《关于扩大高污染燃料禁燃区的通告》，在原有基础上，扩至 120km²，同时首次将江都区周边 28km² 范围划入，一共 148km²，其控制范围变为：主城区，东至京杭运河市区段，南至沪陕高速，西、北至扬溧高速；江都区，金湾河以东、宁通高速以北、黄河路以西、华山路以南区域。2017 年，为进一步改善城市环境空气质量，促进能源结构调整优化，保障人民群众身体健康，根据环境保护部《关于发布〈高污染燃料目录〉的通知》（国环规大气〔2017〕2 号）、江苏省大气办《关于进一步强化高污染燃料禁燃区管理的通知》（苏大气办〔2017〕4 号）等有关规定，市人民政府再次调整了全市高污染燃料禁燃区范围，扩大到扬州市区行政区域范围（广陵区、邗江区、江都区、经济技术开发区、蜀冈—瘦西湖风景名胜区、生态科技新城），面积为 2310km²。禁燃区内禁止新建、扩建燃用高污染燃料的设施，禁止销售高污染燃料，现有的高污染燃料燃烧设施，分为六类，分别提出了整治要求和期限，同时与"263"专项整治行动的有关要求保持一致。

扬州市高污染燃料禁燃区范围的不断扩大，短时间内势必会对部分工业企业造成影响，但是在长远上推动了企业的清洁生产，绿色转型，进而推动整个行业的绿色发展，良性竞争，促进环境与经济的协调发展；也表明了扬州市治理大气污染，努力为居民提供良好空气质量的决心。

扬州生态文明

第五节 保卫蓝天——管车抑尘双管齐下

　　"十二五"以来，扬州市大气污染类型从传统的燃煤型逐渐向煤烟、交通复合型转变，首要污染物也由单一的可吸入颗粒物（PM_{10}），转变为细颗粒物（$PM_{2.5}$）、可吸入颗粒物（PM_{10}）和臭氧（O_3）等。2016 年，扬州市 $PM_{2.5}$ 年均浓度为 51 μg/m³，相较于 2012 年的 76 μg/m³ 有了大幅下降，根据 2016 年扬州市大气污染源解析的监测结果初步分析，机动车尾气对大气细颗粒物的贡献是 32.6%，扬尘贡献是 16.6%，这两大污染源的有效管控是扬州市近年来大气污染治理的重点内容。

一、机动车污染综合防治

　　扬州市面积不大，随着社会经济的发展，机动车保有量持续上升。扬州市委、市政府对机动车污染防治高度重视，采取综合措施，多部门联合治理。扬州市治理机动车污染的重要一步是黄标车和高污染车辆的淘汰。黄标车，是新车定型时排放水平低于国 I 排放标准的汽油车和国 III 排放标准的柴油车的统称，通常是尾气排放污染量大、浓度高、排放稳定性差的车辆。从 2012 年 9 月起扬州市在蜀冈—瘦西湖风景区实行区域限行，严格禁止黄标车进入。2013 年随着国务院《大气污染防治行动计划》的出台，各地纷纷开始了黄标车的淘汰工作。扬州市严格执行国家、省有关规定，对达到报废标准的机动车辆实施强制报废；按照省统一部署，在摸清相关底数的基础上，坚持倒逼与鼓励相结合，严格落实高污染车辆区域限行、淘汰补贴等政策措施。2016 年 1 月 1 日起，对黄标车扬州市将不再进行环保检测，这表示着"黄标车"从此将无法获得环保检验合格标志，并无法通过机动车安检，意在对其全面淘汰。2017 年，扬州市经过五年的努力，全市高污染车辆全部淘汰，共计淘汰黄标车 52533 辆、老旧车 6206 辆。

　　扬州市环保局、公安局、交通局、发改委联合行动，对机动车进行了严格的环保管理。严格执行机动车排放标准，不符合要求的新车不予注册登记，外地转入车辆实施与新车相同的排放标准。扬州市还出台了鼓励提前更新老旧出租营运车辆的奖励政策，并逐步将低速汽车纳入了环保定期检验范围。推广使用环保电子卡，实现了环保标志电子化、智能化管理，并于2015年建成了机动车环保标志电子智能监控网络。

二、扬尘污染综合防治

扬尘污染是扬州最为突出的大气污染防治问题，是导致$PM_{2.5}$、PM_{10}浓度偏高的最主要因素。2012年，扬州颁布实施了《扬州市市区扬尘污染防治管理办法》，对市区范围内的扬尘污染进行管控。2017年11月1日，市政府正式印发了《扬州市扬尘污染防治管理暂行办法》（以下简称《扬尘管理办法》），《扬尘管理办法》的出台，进一步建立健全了扬州市的扬尘污染防治机制，明确各单位的工作职责，强化对扬尘污染防治工作的考核和监督，对加强全市扬尘污染防治工作，规范扬尘污染防治管理，落实$PM_{2.5}$年均控制目标任务，改善全市大气环境质量，保护人民群众的身体健康，具有重要的现实意义。

扬州市全面推行防尘设施标准化管理，全市建设项目在开工前，其扬尘控制措施要经过严格核查，未落实防尘措施的不得开工建设。施工扬尘征收排污费，落实建设主体防尘责任，对施工过程进行巡查、监管和远程监控，依法严查严处扬尘违法行为。工地标准化防尘设施

率达90%，规模以上工地安装视频监控系统，施工现场硬质化率达92%。

近年来，渣土扬尘是推高扬州市$PM_{2.5}$的主要因素。为此，扬州市交通局、公安局、建设局等多部门联防联控，严格落实渣土运输"三管一重一评比"管理办法，实行数字化监督考核与月度考核相结合的双重考核制度，推行渣土"出、运、倒"全过程联控、闭合监管，严禁带泥上路和抛洒滴漏。

为减少道路扬尘，市区主要道路严格落实省《城市道路环卫机械化作业质量标准》和每日两扫两保四洒水作业要求。在城市重大活动及大气重污染预警期间，扩大机械化保洁道路范围，加大作业频次，保持路面清洁，城市建成区机扫率达到88%以上。

钢铁、火电、建材等企业和港口码头、建设工地的物料堆放场所，按照要求进行地面硬化；同时，设置不低于堆放物高度的严密围挡，采取有效的覆盖措施，配备喷淋或者其他抑尘设施。2017年，扬州二电、国信扬州、秦邮特种金属材料、江苏丰庆种业等4家企业对煤场等物料堆场，实施了封闭改造、抑尘网安装等。

三、倡导绿色低碳出行

据统计，一辆每年在城市中行程达到2万公里的大排量汽车释放的二氧化碳为2t。发动机每燃烧1L燃料向大气层释放的二氧化碳为2.5kg，而且汽车是增长最快的温室气体排放源，全世界交通耗能增长速度居各行业之首。汽车又造成噪声污染，破坏人体健康和生态环境。

绿色出行，就是采用对环境影响最小的方式出行，即少开车、多乘坐公共交通、短距离尽量步行或骑单车。

扬州市从很早就开始采用各种方式宣传倡导绿色低碳出行，早在 2011 年"世界无车日"，扬州便开展了市党政机关绿色出行——"1011 行动"，该行动寓意为"邀请您迈开双腿"。2014 年，扬州市建设了主城区公共自行车租赁系统，布设公共自行车网点 304 个，投放公共自行车 10000 辆；举行了"骑公共自行车、倡导低碳出行"活动，全市 100 多名环保志愿者从来鹤台广场沿文昌路骑行至东关古渡，历经 6.2km，身体力行号召低碳出行。2018 年 4 月，扬州市法宣办联合市交通运输局、市公安局等部门在龙川广场举行"建设法治交通 倡导绿色出行"活动，进一步引导公众低碳绿色出行，推进文明法治扬州建设。

公共交通作为绿色出行的重要一环，也是扬州市重点建设的对象。2014 年扬州市对市区公交进行了全面的"线网优化"，倡导更多的市民绿色出行，公交分担率为 22.6%，是国内平均水平的两倍；2016 年，市民的公交出行率上升到了近 30%。扬州市大力推行新能源公交，主城区新能源公交总量达 944 辆，占公交车总量的 53%，有 42 条线路全部使用新能源公交车运营。2017 年，扬州成功入选"十三五"首批国家"公交都市"创建城市，绿色出行成为了扬州市民的首选。

为减少新增汽车的环境污染，扬州积极发展新能源公交之外的其他环保车型，2016 年，全市推广应用新能源汽车合计 3000 辆，并完成了配套充电桩建设，全市共配有充电桩 1500 多个；而且随着市民环保意识的提升，"纯电动"汽车逐步成为私人车辆购买的重要选择之一。

第六节 科学防控——精准监测空气质量

空气污染的成因，是我们生产生活中排放的污染物进入大气，是大气的物理、化学、生物等方面的特性改变，从而影响人们的正常生产生活。空气污染是一个复杂的现象，在特定时间和地点的空气污染物浓度受到许多因素的影响。开展空气质量的实时监测预报，对污染成因进行科学解析，有助于进一步提升大气环境质量。

一、完善空气质量监测工作

空气污染的污染物有：烟尘、总悬浮颗粒物、可吸入颗粒物（PM$_{10}$）、细颗粒物（PM$_{2.5}$）、二氧化氮、二氧化硫、一氧化碳、臭氧、挥发性有机物等。这些污染物来自生产、生活的方方面面。其中人为污染物排放大小是影响环境空气质量的主要因素，包括车辆、传播、飞机的尾气、工业企业生产排放、居民生活和取暖、垃圾焚烧等。城市的发展密度、地形地貌和气象等也是影响空气质量的重要因素。随着社会经济的快速发展，人民生活水平的提高，居民对于空气环境质量的要求也越来越高。在新闻媒体上公开发布空气质量状况，是政府为人民办实事的一项重要举措，环境空气质量、污染物排放的实时监测是环保工作开展的一项基础性工作。

细颗粒物（PM$_{2.5}$）是扬州市大气污染的主要影响因素，因此扬州高度重视 PM$_{2.5}$ 等指标的环境监测工作。目前扬州有城东财政所、市监测站、邗江监测站三个 PM$_{2.5}$ 监测点位，其监测结果实时更新在相关网站上。扬州市在 2016—2017 年间，通过两种形式进行了 PM$_{2.5}$ 的源解析工作。一种是手工采样，即通过走访各大企业取样，进行样本分析后得出最终结果，这也是目前国内主流的源解析手段。另外将使用在线质谱源解析，即通过一个大气自动监测站抽取 PM$_{2.5}$，进行电离之后再测谱图，继而倒推出 PM$_{2.5}$ 来源。运用源解析结果对城市灰霾治理"对症下药"，运用科学手段提高治理水平。

二、建设重污染天气预警与应急体系

为有效改善、减缓大气污染影响，保障人民群众生活环境质量，切实做好大气重污染应急处置工作，维护社会稳定，扬州市制定了《扬州市大气重污染预警与应急预案》。

市政府成立市大气重污染应急指挥领导小组，统一领导市大气重污染应急处置工作。组长由分管环境保护工作的副市长担任。领导小组下设大气重污染应急办公室，设在市环保局，由市环保局局长担任主任，应急办公室负责传达、发布应急指令，协调推进大气重污染应急措施的实施，通报有关工作进展，总结、评估、改进大气重污染应急成效等。领导小组成员单位包括市委宣传部、市发改委、经信委、教育局、公安局、财政局、环保局、城建局、房管局、交通局、农委、卫计委、气象局、城管局、园林局、水利局、扬州报业传媒集团、扬州广电传媒集团、市交通产业集团、市供电公司、各县（市、区）政府、各功能区管委会。各部门分工明确，各成员单位明确一名分管领导和一名联络员具体负责应急响应工作。同时规定了企事业单位、媒体和公众的责任义务。通过政府主导、社会参与，建立健全联防联控机制，动员全社会力量积极参与大气污染防治工作。

市环保局和市气象局的监测机构，严格按照有关规定实施空气质量和气象日常监测，及时掌握环境空气质量和气象信息；开展市内未来48小时重污染天气预测工作。对于重污染天气实施从低到高四个预警分级，分别用蓝色、黄色、橙色、红色标示，红色预警为最高级别。根据不同预警级别各部门实施相应的应急预案。

纯净扬州蓝　清爽新绿杨

第五章

优化城镇生态空间
倡行绿色生产生活

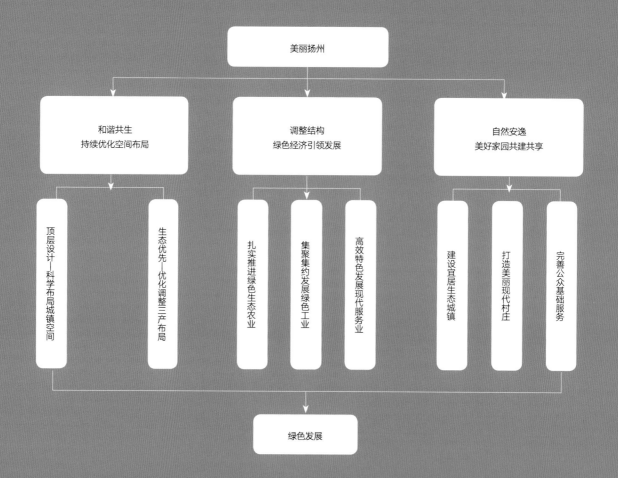

　　把绿色融入社会发展全过程，不仅代表了民生诉求、产业升级诉求，也是扬州市加快推进资源节约型和环境友好型社会建设的良好契机。坚持绿色发展，建设美丽扬州，是推动和实现经济社会持续健康发展的必然选择。扬州作为永续发展、岁月见证的绿色城市，可持续的思维方式已深植于扬州的血脉之中：城镇空间布局是人与自然和谐相处的佐证，也是美丽扬州画卷的框架；绿色生产方式是绿色发展重要的实践途径，也是生态文明融入经济建设最直接、最有效的形式；生活方式是影响生态环境的重要因素，是推进生态文明建设必须关注的重要方面。

第一节 和谐共生——持续优化空间布局

扬州市地处江苏省中部、长江北岸、江淮平原南端。东部与盐城市、泰州市毗邻，南部濒临长江，与镇江市隔江相望，西南部与南京市相连，西部与安徽省滁州市交界，西北部与淮安市接壤。现辖广陵、邗江、江都 3 个区和宝应 1 个县，代管仪征、高邮 2 个县级市，共 62 个镇、5 个乡和 15 个街道办事处。全市总面积 6591km²，其中市区面积 2306km²、县（市）面积 4285km²。

环保优先，生态为基，是扬州市不断优化空间布局，在发展的基础上改善生态环境，推进经济社会生态相统一，实现人与自然和谐共生的基本原则。扬州市依据市域南北经济社会发展特点，制定了差异化的发展政策，注重各类产业协调发展，引导人口、生产要素等资源在市域空间的合理配置，通过南北互动促进市域整体经济实力提升，通过公共服务均等化实现城乡统筹发展，按照"轴带结合、城乡互动"的原则引导市域城镇、空间与产业布局的优化。

一、市域城镇体系布局

扬州市通过顶层设计，把生态文明贯穿于城市规划和建设的全过程，扎实推进节约型城乡建设，尊重自然格局，保护自然景观，合理布局城镇各类空间，把城镇放在大自然中。通过城市总体规划，把生态环境保护落实到了城镇发展的各个领域和环节。扬州的城市发展总目标为：

（1）协调发展的区域中心。加强区域联动，着力发展经济，完善城乡基础设施和社会保障制度，把扬州建设成为对外辐射能力强、协调发展的区域性中心城市。

（2）古今辉映的历史名城。妥善处理保护与发展的关系，保护利用历史与人文资源，加强特色空间塑造，注重城市品质提升，突出精致城市特色，加快产业发展与转型，将扬州建成古代文化与现代文明交相辉映的历史名城。

（3）水绿交融的宜居城市。着力改善生态环境，加强水系保护与合理利用，构建特色滨水空间与绿地系统，建设环境优良、安居乐业的宜居城市。

（一）区域协调生态发展

1. 与南京

扬州市区、仪征是南京都市圈重要组成部分，扬州市以建设宁镇扬创新型经济合作示范区为目标，充分利用南京的科教资源优势，加强产业合作与空间对接，实现产业转型与经济社会快速发展。依托南京科技创新中心和区域性金融中心等功能，与南京产学研合作，加快了传统制造业升级与新兴产业基地建设；扬州（仪征）化工园区与南京石化工业的协作，联合形成了沿江基础工业产业链；通过整合两地旅游资源，共同发展了区域性旅游业。对于长江等跨界水环境的综合整治，重要区域性水源地保护等与南京协同合作，确保饮用水安全；对于工业企业的跨区域污染问题，扬州努力做好扬州化学工业园区的环境污染防治，协调处理好与南京边界地区发展的关系。

2. 与镇江

扬州不断与镇江市的内部跨江联系和功能协调，推进宁镇扬创新型经济合作示范区建设。扬州与镇江利用共同的旅游优势与沿江资源，率先整合两地旅游资源，同城化管理旅游景区，促进了区域旅游业的共同发展。为维护两市共同的滨江生态环境，扬州不断提高产业准入的

环境门槛，严格控制滨江岸线的无序开发，注重滨水生活岸线环境品质塑造，营建宜人的城市亲水空间，形成了南北呼应的现代滨江城市风貌。

3. 与泰州

扬州、泰州为江苏省沿江城镇带长江北岸的重要组成城市，重点引导城镇集聚，协调长江岸线利用和生态环境保护。两市统一空间管制政策，实现了城镇、产业、生态环境的协调高效发展，避免了相互干扰；同时，两市协调了长江等区域性水源、取水口的保护及生态、生活、工业岸线的布置，避免了对下游饮用水源安全的影响。

（二）城镇空间组织结构

根据国家主体功能区划要求，结合自身实际，扬州以紧凑型开发、开敞型保护为基本架构，构建"一带一轴"的城镇空间组织结构。"一带"为沿江城镇带，"一轴"为淮江城镇发展轴。

沿江城镇带包括扬州市区和仪征南部地区，以扬州和仪征中心城区为主体，整合周边城镇空间资源，依托发达的沿江基础设施，合理聚集区域人口和产业，形成高度现代化的、发达的城市化地区，是全市现代制造业和服务业发展的重要载体。加强城镇带内城镇空间和产业的统筹布局，构建弹性、高效、紧凑的组团式空间格局，依据用地、交通和岸线条件合理布置产业用地，是扬州城镇空间有序生态发展的保障。

沿江城镇发展轴包括扬州市北部和高邮、宝应沿京杭大运河区域，以京沪高速、连淮扬

镇铁路、新淮江线（S237）和京杭大运河等区域交通设施为支撑，以宝应、高邮两个二级中心城市及氾水、界首、邵伯等城镇为节点，以点轴发展、纵向延伸辐射带动市域北部地区经济社会发展，是长三角区域沿运河发展带的组成部分。强化城镇沿轴线点状集聚发展，保持绿色开放空间的连续性，致力打造独具特色的运河文化生态产业走廊。

二、产业发展空间格局

长期以来，扬州市始终坚持经济社会全面协调可持续发展，按照发展与保护并重、经济与环境双赢的原则，以建设生态城市，全面提升和改善全市生态环境质量为目标，把环境保护与区划调整、产业布局调整等工作结合起来，产业布局不断优化调整。

（一）生态农业发展格局

扬州属北亚热带湿润气候区，四季分明，雨量充沛，雨热同季，光热水三要素配合较好，地势平坦，可满足粮、棉、油及各种蔬菜、花卉苗木生产，对农业发展极为有利。全市地貌分里下河洼地，长江冲积平原和缓岗丘陵三个类型，境内多为平原，约占90%，丘陵占9.4%。受地貌形成条件和人为耕作影响，全市土壤分为四个类型，分别是水稻土、潮土、黄棕壤、沼泽土。其中水稻土面积有359.6万亩，占耕地面积78.24%，主要分布在里下河地区；有潮土面积71.24万亩，占耕地面积15.5%，集中在高沙土地区；黄棕壤面积25.05万亩，占耕地面积5.45%，主要分布仪、邗低丘缓岗地区；沼泽土面积3.72万亩，占耕地0.81%，分布低洼湖荡，地下水位高，质地黏重。扬州农业发展因地制宜、特色开发、科学布局，根据地貌、水系和土壤类型形成了三大农业板块。

1. 里下河沿运沿湖板块

该区土地总面积654.2万亩，占全市土地总面积的63.6%，主要包括宝应县、高邮市和江都区，是全市面积最大的农区。该区属里下河浅洼平原和沿运、沿湖缓坡平原，地势低平、河网密布、小型湖荡多、湖泊面积大，水、土、气等综合条件较好，种植业比较发达，是扬州商品粮油主产区，扬州的高标准农田建设主要集中在这个区域，其中宝应县整体推进小官庄镇高标准农田建设的做法得到省局领导肯定，江都樊川小纪高标准农田项目获全省高标准农田示范工程称号。该区也是鱼虾蟹集中产地，安大公路和新淮江公路是区域内纵贯南北的交通大动脉。

2. 丘陵板块

该区土地总面积174.72万亩，主要包括仪征市、邗江区的丘陵山区地带，占全市总面积的17%。该区光、热及降水资源丰富，雨量及光照的季节分配比较合理，土地地貌复杂、类型多样，陆地面积比重大，是全市人均土地面积最多的地区。全市丘陵山区可开发面积93.23万亩，经过多年的项目投入，目前已开发面积21.35万亩，可供开发面积71.88万亩。由于特定的地形地貌和土壤条件，使该区成为全市农业资源类型最丰富、农业开发潜力最大的地区。

3. 沿江高沙土板块

该区土地总面积72.4万亩,主要包括江都、广陵沿江高沙土地区,占全市土地总面积的7%。沿江高沙土板块濒临长江,气候温和湿润,热量资源较为丰富;地势平坦,河网密布,农业灌溉条件较好,优质粮油、花卉苗木、特色蔬菜是该区的三大特色产业;地理位置优越,交通发达,区内城镇集中,人口密度大,经济社会发展较快。针对高沙土水土流失及硬质化治理引起的生态环境问题,扬州应用水土流失综合治理技术、植被岸坡覆盖技术,在加强高沙土地区田间工程建设的同时,加大平田整地和土方工程建设力度,提高林业措施在项目投资中的比例,促进田间综合治理和生态环境修复协调发展。1998—2015年累计已治理面积21.1万亩,待开发面积19.6万亩。

(二)绿色工业发展布局

近年来,我国工业化发展极为迅速,对土地的需求逐年增长,工业用地量快速增长。然而在土地资源有限的情况下,平衡各类用地需求,防止工业用地进一步扩张并不容易。如何提高土地利用效率,在有限的建设用地上,通过宏观调控,科学合理布局工业用地,以坚持节约、高效、科学、合理用地为主旨,最大限度地提高工业用地的利用率和单位面积投入产出率,走内涵式和可持续发展道路,达到经济价值、社会价值和生态价值的最大化,是一个长期的发展过程。[1]

扬州市锲而不舍,节地挖潜促集约,持续推进土地资源集约利用。一方面,以优化布局、提升质量为目标,将中心城区土地规划与城市发展规划有机融合,并将规划指标向跨江融合区、江广融合区以及"三园两创"等重点区域集聚,既优化了土地规划布局,又为发展留下了足够空间。另一方面,以支撑实体经济为导向,结合自身指标执行情况,创新了"先扣后返、分次下达"的指标分配和使用机制,并通过按季监测、专项督查、通报预警等方式,督促各县(区)主攻大项目、靠实项目源,提高了指标的执行率和供给的精准度。

扬州市经过多年的发展,基本形成了企业园区化,园区产业化的目标。扬州现有1个国家级经济开发区、1个国家级综合保税区、1个国家级高新技术产业开发区、7个省级经济开发区、2个省级高新区(筹)(图5-1)。园区代管面积981.05km²、规划面积408.1km²、开发面积158.5km²。区内现有企业12084家,其中外资企业1024家、规模以上工业企业1251家,初步形成了汽车整车制造及零部件、船舶、石油化工、机械装备、新能源新光源和新材料等特色产业(表5-1)。

[1] 贾宏俊,黄贤金,于术桐,等.中国工业用地集约利用的发展及对策[J].中国土地科学,2010,24(9):52-56.

全市园区位置分布图

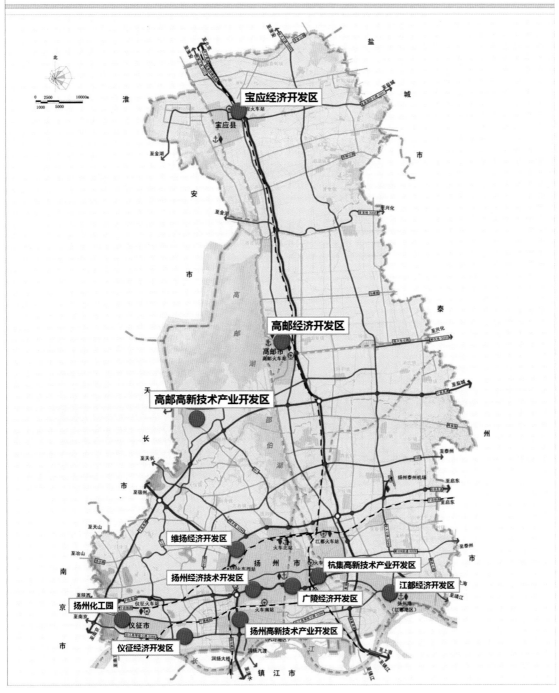

图 5-1 扬州市园区位置分布图

表 5-1 全市开发园区主导产业、特色产业基地（园）分布表

单位	主导产业	特色产业基地（园）
扬州经济技术开发区	新能源、新光源、智能电网、电子书	国家科技兴贸创新基地、国家火炬计划智能电网特色产业基地、国家半导体照明产业化基地、国家绿色新能源特色产业基地、国家级数字出版基地、国家火炬计划扬州汽车及零部件产业基地、省半导体照明产业基地
扬州高新技术产业开发区	智能装备、新能源新光源、文化创意、生物科技	国家火炬计划邗江金属板材加工设备基地、数控机床产业园、省新型工业化产业示范基地、国家级文化创意产业示范基地、高端装备制造业示范产业基地
江都经济开发区	特钢生产加工、汽车及零部件、船舶制造、生物医药化工、软件及现代服务业	江都船舶产业园、江苏江都沿江物流产业园、扬州（江都）软件园、江都留学人员创业园
高邮经济开发区	太阳能光伏、电子、纺织服装、冶金机械、医药食品	江苏高邮光伏产业园、高邮电池工业园、国家火炬高邮特种电缆特色产业基地
宝应经济开发区	智能输变电装备、泵阀管件、压力容器、汽车配件	江苏宝应智能电网装备产业园
仪征经济开发区	汽车及零部件、船舶制造、现代物流	江苏仪征汽车产业园
扬州化工园区	石油化工、基础化工、合成材料、精细化工和石化物流	江苏扬州新材料产业园、江苏省重点物流基地
维扬经济开发区	机械制造、半导体材料、轻工玩具、文化创意、太阳能光伏	江苏扬州环保科技产业园、扬州邗江汽车及零部件产业园
广陵经济开发区	液压机械、汽车及零部件、电子信息	江苏扬州液压装备产业园、江苏船舶配套产业园
杭集工业园	酒店日用品	江苏扬州杭集日化科技产业园
高邮高新技术产业开发区	新材料、照明灯具、半导体材料	高新区天山工业区、中航百慕新材料研发中心（筹建中）、林禾科技创新园（筹建中）

扬州生态文明

（三）优质服务业发展布局

十八大以来，扬州市现代服务业发展格局基本形成，核心区、发展轴、发展板块相互嵌合，形成了全市服务业联动发展的有机整体。

1.服务业"核心区"

范围包括广陵区、邗江区、江都区和扬州经济技术开发区、生态科技新城、蜀冈—瘦西湖风景名胜区。该区域主要依托服务经济基础、交通区位优势和现有产业集聚优势，以高端服务功能为主导，以高附加值的旅游、文化创意、金融、科技、商务、会展、信息、研发设计、现代商贸等现代服务业为重点，形成了全市现代服务业发展的先行示范区，也是集聚了服务产业、人才、资本和信息的核心区域。

其中，广陵区，主要发展现代服务业，形成了以软件信息、金融保险、文化创意、商务服务、科技服务、商贸流通、专业物流、体验旅游、健康家政等产业为重点的现代服务业产业发展体系。邗江区，生产型服务业发展提速和生活型服务业质量提升并举，新兴服务业突破发展与传统服务业转型升级并进，主要发展提升传统商贸、电子商务、软件研发产业、特色发展现代旅游业。江都区，依托产业结构调整和升级，重点发展现代物流、科技研发、电子商务、文化旅游、现代商贸等产业，打造了商贸、港口、空港三大物流园，建设了扬州（江都）软件园。扬州经济技术开发区，先进制造业与现代服务业互补联动，重点发展专业物流、研发设计、科技服务等产业。生态科技新城，产业体系以生态旅游、软件信息、科技服务和现代商务为主导，是生态环境优良、科技创新资源高度聚集的创新型新兴城区。蜀冈—瘦西湖风景名胜区，生态旅游、度假休闲产业与文化创意、现代商贸业融合发展，正逐步发展为全国知名的都市型休闲度假旅游目的地。

2.服务业"发展轴"

东西发展轴，依托文昌路城市东西向商贸商务产业轴，"一体两翼"发展，主要布局包括总部、会展、购物、商务、科技、金融、文创、软件信息、服务外包等产业，串联起了西区新城、文昌商圈、广陵新城、生态科技新城、江都新城市智慧商务区，向西在文昌路上西延，向东延伸至了江都主城区。

南北发展轴，依托古运河城市南北向发展轴带，围绕扬子津周边建设了与高校联合的研发基地，形成了居住、服务、研发与制造业等功能适度混合的布局；在运河北路北延的基础上，推进了北湖湿地风景区等沿湖区域的综合开发；同时优化提升了扬子江路、大学路及邗江路南延线、润扬路等复合交通走廊沿线的蒋王商务商贸板块、瓜洲旅游度假板块、各国家级和省级开发区、高新区生产性服务业板块、县（市）中心城镇板块等多板块的发展。

3. 服务业"发展板块"

仪征市、高邮市、宝应县和扬州化工园区作为扬州中心城市片区的外围县（市）和功能区，是城市功能外溢和新兴功能发展的重要承载地，也是中心城区经济发展的有益补充。在以上区域，扬州市利用各区域在城市化过程中城乡互动发展、块状经济明显、特色旅游休闲环境优越、特色产业集聚等特点，充分发挥比较优势，大力培育发展特色服务业，增强了县域、功能区和中心镇的服务功能，实现了区域服务业发展水平与主城区的同步提升。

各板块发展方向为：仪征市，现代物流业、生态旅游业。高邮市，文化旅游、商贸流通、现代物流产业。宝应县，现代物流业，教玩具产业、水晶玻璃产业和乱针绣等文化创意产业，以及开发宝应湖旅游度假区、射阳湖休闲度假区。化工园区，石化物流产业等生产性服务业。

第二节 调整结构——绿色经济引领发展

扬州市生态文明建设一直走在前列，作为古今闻名的旅游城市，扬州这座美丽城市的管理者和居住者较早意识到资源与发展之间相互依存，相互制约的关系，较为深刻意识到在经济社会发展中坚持和推动可持续生态经济发展的重要性。

近年来，扬州市经济稳定上升，经济保持中高速增长，产业迈向中高端水平，先进制造业和现代服务业成为现代产业体系的主干部分，农业现代化走在全省前列，新兴产业不断成长，创新驱动成为经济发展的主引擎，国家"一带一路"和长江经济带建设为扬州市经济发展提供了新机遇。扬州力争通过"十三五"五年的努力，率先全面建成小康社会，提前实现两个"翻一番"目标，为美丽富强中国建设贡献扬州力量，提供扬州样板（图5-2）。

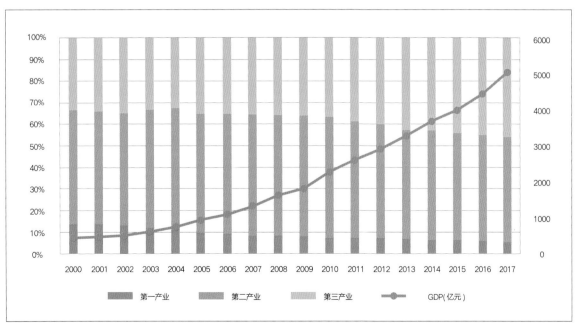

图 5-2 扬州市产业结构变化情况

一、扎实推进的绿色生态农业

扬州立足农业资源禀赋和区位优势，以农业供给侧改革为主线，以绿色发展为导向，坚持保供给、保收入、保生态协调统一，坚持推动农业现代化建设创造新典型、迈上新台阶、走在最前列。经过多年的探索，扬州走出了一条农民收入增加，农业生产低排放、高收益的低碳绿色生态农业之路。

（一）可持续发展的生态循环农业

随着农业科技和装备的不断发展，农业综合生产能力得到了进一步提升，相应地农作物秸秆、畜禽粪便等农业生产废弃物对农村生态环境的影响也逐步加重，农业的发展越来越受到资源和环境承载压力加大的双重约束。发展生态循环农业，加快农业经济增长方式转变，实现有限资源的节约、高效、循环利用，在不断提高农业综合生产能力的同时，保护和改善农业生态环境，是新时期破解农业经济发展难题、保障农产品有效供给、促进农业可持续发展的必由之路。扬州市经过多年的实践探索，可持续发展的生态循环农业已经基本形成。

1. 农业清洁生产基本实现

扬州市农业清洁生产的实现，一方面是农药化肥等投入品的减量增效，另一方面则是养殖业"三区"的合理划定，很大程度上减少了养殖业的环境污染。

过量使用农药化肥等农业投入品会对农田土壤和水体造成污染，为减轻污染，扬州市从新世纪开始研究示范推广农业投入品的减量增效技术。在控减农药使用上，严禁使用剧毒、高残留的农药品种，减轻农药对农业环境和农产品质量污染的基础上，通过推进植保社会化服务，实行统防统治，全市已建立植保社会服务组织 483 个，服务面积占稻麦种植面积的 70% 左右。同时，加快高效低毒农药推广应用，2016 年全市高效低毒农药使用占比 83.3%。在控减化肥使用上，重点是推广测土配方施肥技术，扬州市从 2005 年开始大力推广应用农作物测土配方施肥技术，2005—2016 年累计推广测土配方施肥技术面积达 5800 万亩次，2016 年全市稻麦测土配方施肥技术覆盖率达 96%，在实现粮食连续增产的同时，化肥总用量下降了 10%，肥料利用率提高了 4.2%。通过推广农业投入品减量增效技术，农产品质量安全水平进一步提高，2016 年省级农产品抽检合格率98.79%，基本实现了农业的清洁生产。

按照环保部、农业部《关于进一步加强畜禽养殖污染防治工作的通知》《畜禽养殖禁养区划定技术指南》，综合考虑畜禽产品供给安全和环境承载等因素，合理划定禁养区、限养区和适养区"三区"，禁养区主要包括：饮用水源保护区、自然保护区、风景名胜区、城镇居民区和文化教育科学研究区以及依照法律法规规定应当划定的区域。全市实行畜禽养殖"禁养、限养、适养"分区管理，禁养区内不得新建、扩建养殖场所，对已存在的畜禽规模养殖场关闭搬迁。全市禁养区划定面积占陆地面积的 34.36%，达到 1670km²。禁养区畜禽规模养殖场关闭搬迁已全部实现，全市禁养区共关闭搬迁 216 家规模养殖场。此外，各地自行加压，关闭了禁养区省规模标准以下养殖场 628 家。

全市禁养区内生猪存栏减少7.01万头，家禽存栏减少186.64万羽，减轻了禁养区环保压力。

2. 废物综合利用节能减排

随着农业生产条件的改善和农民生活水平的提高，秸秆和畜禽粪便原本是作为农民生产生活资料的农副产品，却逐渐演变成了农业生产废弃物，对农业生态环境的影响日益加剧。为了保护农业生态环境，扬州市十分注重农业废弃物资源化利用技术的推广应用。在秸秆综合利用推进上，各地按照"疏堵结合，以疏促堵，以堵带疏"的原则，在坚持稳步推进秸秆机械化还田的基础上，利用省级各类项目扶持，建设了225处秸秆多种形式利用项目，提升了秸秆收贮与利用的能力，基本形成秸秆肥料化、能源化、饲料化、基料化和原料化等多种利用途径共存的格局，秸秆综合利用工作取得了极大的进步。2016年扬州市秸秆综合利用率提高到95%，处于全省领先地位。在畜禽粪便综合利用推进上，通过实施规模养殖场设施改造升级工程，全市91.4%的大中型规模养殖场，共计585家配备了畜禽粪污治理设施，创建成国家级标准化示范养殖场11家，省级生态健康养殖示范场165家。通过实施畜禽粪污综合利用工程，已建成326处规模养殖场沼气工程、8处畜禽粪便处理中心和9处畜禽粪便有机肥加工等项目，加快了全市畜禽粪污无害化处理与资源化利用推进步伐，2016年扬州市规模养殖场畜禽粪便综合利用率已达到93%。

3. 创新发展生态循环农业

为了实现农业生产内部生态良性循环，扬州市基于自身实际和优势产业，因地制宜发展生态循环农业，创新集成了三种类型生态循环农业发展模式：第一种是种植业内部循环模式，这种模式主要以秸秆综合利用为主，通过秸秆的资源化利用，提高作物秸秆综合利用效率，减少农业投入品使用，以及因秸秆焚烧或抛弃造成的大气和水体污染；第二种是种养结合循环发展模式，这种模式以畜禽粪污综合利用为主，通过沼气工程等纽带，把养殖污染治理和再生资源开发利用结合起来，大幅度减少或代替种植业化肥施用，实现养殖业和种植业的有机融合和可持续发展，扬州市非常注重种养结合的新型生态循环农业基地的培育与发展。从2010年起，市财政在市级农村能源环保发展资金中，将种养结合的生态循环农业建设列入扶持内容，每年对10处沼液沼渣循环利用基地建设进行专项补助，2016年全市沼液沼渣利用面积达15万亩以上。通过多种途径，先后培育出扬州隆盛畜禽有限公司、庭余有机农业产销专业合作社、扬州宏安葡萄种植专业合作社、扬州苏胜生态农业发展有限公司、扬州永和现代农业发展有限公司、江苏上品现代生态农业有限公司等生态循环农业典型，有效推进了种养结合的新型生态循环农业基地的发展；第三种是多元复合循环模式，这种模式主要以利用不同生产对象对空间时间的需求差异和互补特性，通过间种套种和立体种养，提高土地和空间的利用效率，提高单位面积的生产能力。同时，扬州市农技推广部门还联合扬州大学等科研院所，以及相关企业，通过实施省级农业三新工程等项目，共同开展"猪—沼—菜（粮）"等生态循环农业技术的研究示范、技术培训与推广应用，有效降低了处理与应用成本，提高了生产效率，更好地实现了农业废弃物资源的增值能力。

【案例5-1】江苏翠京元有机农业有限公司稻鸭共作有机稻米生产基地

（1）基本情况：位于扬州市头桥镇安阜村、红平村，面积700亩，其中，红平村在2018年创建成了国家级"一村一品"示范村镇。基地地处长江冲积平原，土壤肥沃、水质优良、交通便利，25km内无任何工矿企业，土壤、水源、空气未受污染。

（2）建设内容：水稻品种采用分蘖力强、成穗率高、抗病抗倒能力强的优质食味稻米品种"南粳9108"。鸭品种选用田间活动时间长、嗜食野性生物、肉质优良的昆山鸭。水稻种植方式为机插，行株距为30cm×14cm，每穴4苗。鸭苗投放量20只/亩，6月下旬放养。定时、定点投喂，训练鸭子集中摄食人工饲料的习惯。合理注射疫苗预防疾病，水稻抽穗前离田。在水稻实际生产过程中，通过使用翠京元微生物菌剂来分解土壤中残留的农药化肥，增加土壤肥力。肥料使用上，采用由动物粪便制成的有机肥料和高氮有机肥。病虫防治上，使用太阳能杀虫灯、性诱剂等物理措施及苦参碱、枯草芽孢杆菌等生物农药。整个生育过程中，利用鸭子的杂食性和生活习性为水稻除虫、除草、施肥、中耕浑水，刺激水稻生长；同时，稻田生态系统为鸭子提供觅食、休憩、运动的场所和大量的动植物饲料等。

（3）示范作用：以田养鸭，以鸭促稻，使鸭和水稻共栖生长，从而实现了鸭稻双丰收，减少了劳力，大大提高经济效益。

【案例5-2】江苏鼎丰生态农业发展有限公司省级稻鸭共作生态种养示范基地

（1）基本情况：位于江都区邵伯镇渌洋湖村，面积750亩。

（2）建设内容：基地采取的关键技术：冬季休耕栽种绿肥，来年四月作为植物肥料翻耕、沤田作为肥料以替代化肥，并辅以每亩300公斤左右菜籽饼入田以增加肥力。水稻品种为"南粳9108"，机插行株距配置为30cm×14cm，每穴4苗。鸭品种为高邮麻鸭，放养密度为鸭苗20只/亩，5～8亩一方设置防逃围。5月底秧苗栽插后保持水层，6月15日放养3两左右鸭子，放后定时、定点投喂，训练鸭子集中摄食人工饲料的习惯。合理注射疫苗预防疾病，水稻抽穗前离田。用频振灭虫灯、化学诱虫剂防治稻田害虫，辅之生物BT复配农药防控稻田病虫害。公司拥有有机种植部、产品研发部、电商运营部、财务及客服部。

（3）示范作用：自有品牌"农农心意"已在国家商标局注册商标，一切围绕"米"来做文章，真正形成稻米的产、学、研、游、创、教六位一体的产业融合。

（二）创新发展的农业新业态

扬州市创新发展、多层次开发农业新业态，把田园变公园、农区变景区、劳动变运动、空气变人气、产品变礼品、青山变金山，推动了传统农业的转型升级，使得农民收入获得了突破性进展。

近年来，扬州市以供给侧结构性改革推动农业转型升级，依托乡土特色"旅游+"模式打造创意农业，在旅游产品的参与性、体验性、独特性、吸引力上做文章，大力发展集观光、游览、品尝、采摘、休闲、度假于一体的"农旅融合"新型业态和休闲农业系列产品。随着"农旅融合"的深度推进，全市已形成了"全国五星级休闲农业及乡村旅游企业"蒋王都市农业观光园、沙头蔬菜国家农业产业化示范基地、八桥国家农业科技园区等为主的生态农业文化游产业带，以玫瑰园、牡丹园、芍药园、樱花园等为主的赏花采摘生态游产业带，以葡萄、西瓜、草莓以及茄果类采摘园为主的果蔬采摘体验游产业带。截至2017年，全市已建成集休闲、观光、采摘、旅游于一体的农业观光采摘园、休闲农庄等休闲观光农业示范点158家。

扬州市按照"一镇一品、一村一品、多村一品"的战略规划，大力发展特色、高效农业，推进农业要素"集聚"、科技"集成"、经营"集约"，形成了"双兔大米""红太阳鸭蛋""宝应荷藕""馋神风鹅""三和四美酱菜""五亭包子""绿杨春茶叶"等一批叫响全国的地产品牌。"应湖""双兔""快乐""亲亲"创成中国驰名商标。扬州把打造无公害、绿色和有机食品品牌农业，提高农副产品的知名度作为推动农业转型升级的第一"通行证"，制定出台了《全市农产品质量安全监管工作意见》和《全市农产品例行监测工作实施方案》。采取以专业大户为主体、以农业基地为依托、以城乡超市为平台、以严格的生产质量标准为保证的无公害水果、有机大米蔬菜等多条品牌农业产业链，

构建起一个完整的品牌农业家族体系，2017年，江都区创成国家级农产品质量安全示范县，宝应县射阳湖荷藕产业示范园成为全省唯一一家获评为全国首批8家"全国绿色食品一、二、三产业融合发展示范园"创建单位之一。

规模化种植、区域化布局、品牌化经营，是产业发展的必然，更是现代农业的必需。市农委等部门创新实施了技术跟着服务走、品牌跟着订单走、农民跟着公司（专业合作社）走的"公司+基地+合作社+农户+市场"的发展模式，不断提升设施高效农业的"产加销"水平，截至2017年，全市拥有国家级农业龙头企业4家、省级50家、市级148家，共有各级各类农业龙头企业415家，几乎涵盖了所有农业领域。

【案例5-3】仪征江扬生态园

（1）基本情况：仪征江扬生态农业有限公司隶属于江苏江扬投资集团有限公司，成立于2009年12月，注册资金1000万元，总投资12000万元，占地面积2300亩，其中水面900亩，地形三面环水，是全国四星级休闲农业和乡村旅游示范企业（园区），同时也是一家集种植、养殖、餐饮、休闲、观光、娱乐、居住为一体的多功能综合型生态农业园区。园区位于仪征市枣林湾生态园和山清水秀的原谢集乡交界处，地处长江三角洲的顶端，是宁、镇、扬"银三角"地区的几何中心，西接南京，东连扬州，南濒长江，与镇江隔江相望，北部与安徽省天长市接壤。

（2）建设内容："园西采摘尝新鲜""绿

色蔬菜吃健康""邵冲湖畔赏美景",是江扬生态园的突出特色。园区运用循环经济理论,采用农林兼作,种养结合的循环农业生态模式和新技术、新品种,以生产多元绿色农产品为产业定位,通过园林化建设,将农产品生产与休闲观光、农业旅游有机结合起来,这里功能齐全,全园主要有六个功能区,分别为蔬菜种植区、趣味采摘区、旅游休闲区、餐饮住宿区、特色饲养区以及开心农场区。

（3）示范作用:2016 年天乐湖实现综合收入 3100 万元左右,接待人次达 15 万。园区共有员工 230 人,其中当地劳动力有 150 人,本地员工年收入达到 26000 元,解决了部分农民就业问题,不仅增加了农民收入,还为农民提供休闲观光旅游等方面的技能培训。

【案例 5-4】方巷镇沿湖村

（1）基本情况:方巷镇沿湖村位于邵伯湖西岸,是扬州唯一从事养殖、捕捞的专业渔业行政村,也是江苏省首批休闲观光农业示范村之一。

（2）建设内容:自 2011 年起沿湖村先后举办了邗江区首届邵伯湖渔民文化美食节、欢乐渔家中秋赏月晚会、"庆开渔·迎端午"邵伯湖渔家民俗风情节、"欢乐渔家·金秋品蟹节"、江苏省高、宝、邵伯湖放流节等节庆活动。吸引了一万多人前来参加,仅 2015 年就实现综合收入 787.5 万元,其中带动附加产品增值收入 230 万元,餐饮、休闲等经营收入 557.5 万元。

（3）示范作用:沿湖村采用"公司 + 合作社 + 农户"的经营模式,吸纳农户近 200 户,全村从业人数超过 200 人,解决了部分农民就

业问题,不仅增加了农民收入,还为渔民提供科学养殖和三产旅游等方面的技能培训。

二、集聚集约的生态工业

概括来说,生态工业是以资源环境承载力为基础,把生态学原理运用到资源管理、工业建设和工业生产系统的规划与运行,以实现经济效益、社会效益和生态效益相统一的一种新型、现代工业发展模式。在生态工业中,生态经济学原理是其基本理论;现代科学技术和管理方法是其基本依托;节约资源、清洁生产和废弃物多层次综合再利用是其基本内容;经济和社会可持续是其基本目标。生态工业是绿色经济发展的重要一环,是工业生产的绿色转型提升。

扬州以生态工业的理念为指导,以"智能化、绿色化、品牌化、服务化"为方向,转换发展方式、提升制造水平,以创新驱动、转型发展为核心,增强发展动力、提升综合实力,以政企互动、激活实体为途径,优化发展环境、提升服务水平,初步实现了从"高速"增长向"中高速"增长的过渡、从工业化中期向工业化后期的迈进、从主要依靠投资拉动向积极寻求创新动能的转变,步入新的发展阶段,呈现出稳中有进、稳中提质的良好态势。

（一）协同发展的现代工业体系

为了实现以最小的资源和环境代价谋求最大化的产业效益,使得经济社会又好又快发展,扬州市积极寻求转型升级新路径,以汽车产业、机械装备制造产业、船舶产业、化工产业以及

新能源和新光源产业五大支柱制造业为基础，大力发展创新型经济，不断推进基本产业、战略性新兴产业和传统特色产业的协同发展，努力破解资源匮乏与经济社会高速发展之间的矛盾，形成了发展态势良好的现代工业体系。

扬州市的汽车、机械、船舶、石化四大产业，其产品在从生产到使用再到报废的生命周期中均存在较大的环境污染，扬州市原有的制造技术、工业结构较为粗放，为适应环境发展的需求，扬州市对这些产业不断进行优化提升，通过产业价值链的延伸加粗、产业结构的集聚集约、产品的特色化、品牌化等中高端化的发展，不断推动企业的节能减排，绿色制造，使其焕发了新的生机，发展前景更加广阔。例如：汽车及零部件产业，以上海大众、潍柴亚星、江淮轻型汽车等整车企业为龙头，吸引积聚了一批世界500强和知名零部件配套企业落户，布局由相对分散向集聚集约转变，并培育建成了仪征、邗江、江都、市开发区等4个省级汽车及零部件产业基地，先后获批"国家火炬计划汽车及零部件产业基地"和"江苏省新型工业化产业示范基地"，实现了乘用车、专用车、新能源汽车及配套零部件特色化、差异化、集聚化发展。

2010年，国务院下发《关于加快培育和发展战略性新兴产业的决定》，明确指出，根据战略性新兴产业的特征,立足我国国情和科技、产业基础,现阶段将重点培育和发展节能环保、新一代信息技术、生物、高端装备制造、新能源、新材料、新能源汽车等产业，到2020年，战略性新兴产业增加值占国内生产总值的比重力争

达到15%左右。

新能源和新光源产业是扬州市重点发展的主导产业之一，扬州拥有"国家半导体照明产业化基地""中国路灯制造基地"等一批金字招牌。2009年，新能源产业产值便已超过百亿，2016年，仅新能源和新光源产业的总产值便有519.7亿元，占全市GDP总值的10.3%。扬州市电子产业发展也很迅速，2017年，扬州市百强工业企业中，机械、汽车同为22家，轻工纺织11家，石化与电子产业并列，均为10家，新增百强企业数最多的产业为电子产业，由前一年的6家升至10家。除此之外，新材料产业、节能环保产业、新能源汽车产业、工业机器人产业、电子信息新兴产业、生物新医药产业等战略新兴产业，也是扬州市目前重点发展的对象。

食品产业和旅游日化产业是扬州市两大传统产业。对于食品产业，扬州市坚持"调结构、扩规模、建集群、延链条、保安全"并举，集中打造了宝应生态有机产业、高邮禽蛋产业、菱塘清真产业三大基地。依托重点企业，提升饮料制造、油米加工、传统食品、水产加工、生物保健五大优势行业。旅游日化产业重点对低端落后工艺和装备进行了大力淘汰，鼓励企业整合提升。以高露洁三笑、明星牙刷、两面针、锦禾高科等企业为核心，重点推动相关新技术的研发使用。依托杭集特色产业基地的建设，正积极打造国内集洗漱用品生产中心、研发中心、检测中心和交易中心于一体的产业化基地。

（二）绿色发展的生态工业结构

扬州市节能与绿色制造工作紧扣绿色发展的主基调，以目标为导向、以企业为主体，集聚政策、技术和第三方机构等资源，大力推进节能降耗和绿色制造，针对不同行业的节能空间，去产能、退落后、提升技术、加强管理多措并举，二次产业结构不断调轻、调优、调绿、调高，使得全市生态文明建设更上一层楼。

1. 节能减排清洁发展

扬州市以生态文明建设为统领，坚持经济发展与节约能源相结合。坚持可持续发展的战略思想，坚持绿色发展、低碳发展，协调发展和节能的关系，实现发展与节能的内在统一、相互促进。

（1）能源利用效率提高。全市万元GDP能耗逐年下降，由2010年的0.581t标准煤下降到2015年的0.452t标准煤，五年累计下降22.2%。2010—2015年全市以年均4.26%的能源消费增速支撑了年均11.2%的经济增长，能源消费弹性系数降至0.38。主要耗能行业单位工业增加值能耗持续下降，电力热力生产和供应业、化学原料和化学制品制造业、造纸和纸品制造业万元工业增加值能耗由2010年的12.76t、1.45t、1.28t标煤下降到了9.86t、0.75t、0.77t标煤，分别下降22.73%、48.3%、39.8%。

（2）能源消费结构优化。"十二五"期间，关停威亨热电、联众热电、东北热电、扬州石化燃煤热电机组合计104MW，淘汰分散燃煤锅炉、窑炉761台，全市规模以上工业原煤消耗量比2010年减少252万吨，下降17.9%，煤炭占全部能源消费比重下降到65%；太阳能发电装机容量503MW，比2010年增长120倍，太阳能、生物质能等可再生能源发电3.4亿千瓦时，非化石能源占一次能源消费比重提高到8%；建成热电燃气机组3×20MW，实施工业锅炉、窑炉煤改气（电）工程300台（套），全市规模以上工业天然气消耗量由2010年的1.25亿立方米增加到2015年的9.25亿方米，净增加8亿立方米，上升了7.6倍；电力消费量增加42.8亿千瓦时，上升了34.9%，占比提高约10个百分点。天然气等清洁能源消费占全部能源消费比重提高到20%。

（3）三产结构调整。扬州市加速推进工业转型升级，大力培育高新技术产业，注重发展以现代服务业为主体的第三产业，努力构建节能环保型产业体系。2016年，一、二、三产业的增加值占GDP比重分别为5.6%、49.4%、45%，第三产业增加值比重比2010年提升7.8个百分点。"十二五"期间，先后实施了百家企业节能低碳行动、绿色发展"三百工程"、企业能源管理体系建设等行动计划，狠抓重点耗能企业节能。2015年，全市规模以上工业万元工业增加值能耗由2010年的0.581t标准煤下降到0.457t标准煤，累计下降21.3%。实施"万家企业"节能低碳行动，全市61家"万家企业"累计节约标煤120.85万吨，完成省下达的节约100万吨标准煤的目标任务，35家企业能源管理体系通过认证或评价；通过淘汰落后产能减少能源消耗，累计淘汰船舶制造能力207万载重吨、低效热电机组104MW、74型印染产能1335万米、FDY涤纶产能3万吨、铅酸电池产能61万千伏安时，减少能源消费需求20.5万吨标煤。2016 年，扬州市制定下发了《扬州市推进工业绿色发展"十百千"计划方案》，推进 10 家高耗能企业节能诊断；推广了 8 项先进适用节能技术，组织实施了节能改造项目 82 项，实现节能 7.6 万吨标准煤；分地区开展 7 场（次）共 127 家企业参加的能源管理提升工程专题培训，整体提升企业能源管理水平。2017 年全市大力推进"263"专项行动，累计关停化工企业 112 家，其中 96 家已通过市化联办现场验收，超额完成省定 72 家的目标任务，序时进度 133%。

（4）发展技术节能。突出电力、冶金、化工等主要耗能行业，以节能、节水、废弃物资源化为重点，持续推动重点企业绿色化改造。"十二五"期间，累计实施 607 项重点节能项目，新增节能能力 90 多万吨标准煤。冶金行业加热炉蓄热式燃烧技术、化工行业余热回收利用技术、电力行业锅炉汽机能效提升技术、电机变频调速技术等一大批先进适用的节能技术得到推广应用。实施了绿色照明推广、电机能效提升等行动计划，累计推广财政补贴节能灯 58 万只，推广高效节能电机 5 万千瓦。

（5）推广清洁生产。扬州市以大中型企业和能耗水耗高、污染大的企业为重点，推广节能、节水等先进适用技术，鼓励企业通过技术改造，采用国内外的先进工艺、设备，实现物料循环利用，减少物料、能量消耗和污染物排放。所有新、扩、改建项目必须充分体现清洁生产内容，采用的工艺必须是能耗、物耗低，排污少的清洁工艺，把"三废"消除在工艺过程之中。建立健全企业自愿和政府支持相结合的清洁生产审核机制，扩大自愿性清洁生产审核范围，对超标、超总量排污和使用、排放有毒有害物质的重点企业实施强制性清洁生产审核；加大清洁生产改造方案实施力度，推进低费、无费方案全面实施，加大对中高费方案的政策支持力度，促进企业提高实施率。持续开展 ISO14000 环境管理体系、环境标志产品和其他绿色认证。2017 年，全市实施强制性清洁生产企业通过验收的比例达到 100%，规模以上企业通过 ISO14000 认证率超过 30%。

2. 绿色低碳循环发展

循环经济本质是一种生态经济，与传统经济不同，循环经济是以在自然生态系统的承载能力之内的科学发展为宗旨的经济，它以科学技术为第一生产力的思想指导重新进行技术选择，优化资源配置，并以产业结构调整、技术创新、清洁生产、资源定价、绿色消费等经济、法律、行政、科技和教育的综合手段转变经济增长方式。它要求把经济活动从"资源—产品—污染排放"的单向流动组织成一个"资源—产品—再生资源"的反馈式流程，其特征是低开采、高利用、低排放。所有的物质和能源能够在这个不断进行的经济循环中得到合理和有效的利用，尽量把经济活动对自然环境的影响降到最低程度。[1]

扬州发展循环经济起步较早，早在 2006 年，就相继出台了全市循环经济建设规划（2006—

---

[1]　余传英.区域循环经济发展模式研究——以武汉市青山区为例 [D]. 武汉：湖北工业大学，2010.

2020年），以及加强节能工作与发展循环经济的意见，此后又相继发布"十二五""十三五"循环经济发展规划，提出建设以科技含量高、经济效益好、资源消耗低、环境污染少为特征的循环经济体系，建成循环城市。全市以创建国家级循环经济示范城市为抓手，全面推进省级以上园区循环化改造，全面减少废弃物排放、提高资源利用效率、提升循环利用水平，全市循环经济发展水平得到显著提升。

（1）循环产业链条。全市以循环经济重点项目为支撑，加速构建循环产业链条，初步形成了以"生活垃圾—焚烧发电""建筑垃圾—再生建材""餐厨垃圾—沼气和生物柴油""电厂发电—粉煤灰、脱硫石膏—水泥等建材""废旧纺织品—再生聚酯纤维""多晶硅（单晶硅）—硅片—废切割液回收利用""农作物秸秆、废纸—生物制浆—纸制品、秸秆代塑产品"等多条循环产业链条。

（2）园区循环化改造。为降低园区能源资源消耗强度，缓解土地、环境压力，全市大力推进园区循环化改造。全市9个省级以上园区全部开展园区循环化改造工作，投资151亿元，实施63个重点支撑项目，累计节约用电1.7亿千瓦时、节约用水847.5万吨、综合利用固体废弃物430.7万吨，园区循环经济关联度提升14.2个百分点。市开发区和化工园区作为园区循环化改造省级试点，率先完成园区循环化改造各项目标任务，并通过验收。

（3）提高能源资源利用效率。全市大力实施节能、节水、节地、节材专项行动，实施循环经济重点项目183个，全面提升资源利用效

率。2015年全市单位GDP能耗、水耗分别比"十一五"末下降了21.05%、44.6%，单位土地产出率提高了50%。

（4）建立循环经济载体。扬州市大力推动循环经济载体的建设，加速各类资源要素集聚。市开发区创成国家循环经济试点单位和国家循环经济教育示范基地，化工园区等2个园区列入省级循环经济教育示范基地，扬州环保科技产业园等3个园区(企业)列入全省首批"城市矿产"基地，扬州天富龙科技入选国家资源综合利用"双百工程"骨干企业。2015年，扬州获批国家餐厨废弃物资源化利用和无害化处理试点，成功入围第二批国家循环经济示范城市。

【案例5-5】园区循环改造，扬州经济开发区打造循环经济产业链条

（1）基本情况：扬州经济技术开发区位于长三角地区，地处上海都市区与南京经济区的结合部。区内设有出口加工区、太阳能光伏产业基地、半导体照明产业基地、汽车装备产业基地、港口物流园区等特色园区，基本形成了以LED、TFT-LCD为重点的电子信息、太阳能光伏、汽车装备、港口物流等主导产业。从2005年启动循环经济建设以来，扬州经济技术开发区先后荣获"国家生态工业示范园区""国家循环经济试点单位""国家循环经济教育示范基地"三块国字号招牌。

（2）建设内容：园区通过构建基于市场机制的循环经济产业链，打造以绿色照明、汽车及零部件制造、光伏产业、机械冶金、纺织轻工、热电能源和港口物流等行业为重点的园区循环化改造。江苏璨扬光电有限公司装备了氨水提

纯再利用设备，每天可以净化处理 40t 废氨水，再将氨水提纯为氨气，可实现零排放。以前企业每天需要 900kg 氨气，现在有了氨水回收装置，氨气需求量可减少一半以上。

蓄电池产业一度让人谈"铅"色变，2013年底国家出台《电池工业污染物排放标准》后，扬州许多蓄电池企业因技术不达标而下马，开发区的企业阿波罗引进了意大利新工艺的拉网生产线，改铅块注塑切割为拉伸，拉伸过程中几乎不产生铅烟，还能节省铅料 5% ~ 10%。生产废水经过配酸制水车间沉淀、去铅、去盐、两道反渗透过滤，最终进入清水储水箱。自这项新工艺投产以来，阿波罗年产 350 万个蓄电池，每天可节省 150 ~ 200t 水，厂区内除饮用水以外，浇灌、洗衣、冲厕用水都是经污水处理过的工业用水，全部达到国家二级城市用水标准，重复利用率达 100%。

协鑫光伏是开发区硅片切片的龙头企业，从切片一开始就建设了循环产业链，将废弃砂浆中的金属颗粒、硅锯屑剥离重塑再利用，砂浆净化再投入到生产，随后又进一步用更先进的金刚线工艺代替砂浆，生产效率大大提升。

开发区拥有国家一类开放港口、国内第二大木材中转港口——扬州港。为解决树皮腐烂变质这一污染大问题，开发区在港口物流园区建起了"大循环"，通过亚东水泥、金秋建材等企业，将二电厂等发电企业每年产生的 130 万吨粉煤灰、煤渣及脱硫产生的副产品脱硫石膏等作为原材料，进行水泥研磨和制砖，水泥厂提供石灰石微粉供电厂脱硫使用。同时，园区的污泥发电厂利用污水处理厂产生的污泥和扬州港产生的树皮进行焚烧发电，焚烧后的废渣也用作建材厂原料，形成了资源的循环利用。另外，引进中法环境技术公司的污泥干化工艺，对园区产生的污泥进行无害化处置，经干化后的污泥可运至发电厂充当燃料。如此，热电建材企业形成了一种相互依存的"三废"循环利用共生体。

永丰余造纸（扬州）有限公司历时 10 年自主研发出全球最先进的农业秸秆生物制浆循环利用技术"Npulp"，利用酶素分解秸秆制浆造纸，由此产生的废料加工成再生能源和菇类生长介质，全程"零化学制剂、零排放"，年消耗区内秸秆 6.6 万吨，每年可净减少森林砍伐 20 万立方米，相当于减少二氧化碳排放 600 万吨。开发区还在港口物流园区和秸秆生物制浆厂区的旁边，开辟了一块 22 万平方米的花海项目，花海灌溉水源和施肥肥料，皆来自污水处理厂处理的废水以及秸秆制浆所产的有机肥料。

（3）示范作用：实现了企业和区域层次资源高效利用、最大限度地减少污染物排放、改善区域环境质量、提高经济增长质量（图 5-3）。

三、高效环保的现代服务业

党的十八大以来，服务业对全市经济的贡献持续增强，结构不断优化，成为社会吸纳就业、增加税收、投资创业的重要渠道。服务业的快速发展，已经成为扬州经济增长的主动力和新引擎。扬州市在发展服务业的过程中，积极倡导绿色营销、绿色经营和绿色消费，形成了节约社会成本和减少资源消耗的生态环保发展格局。

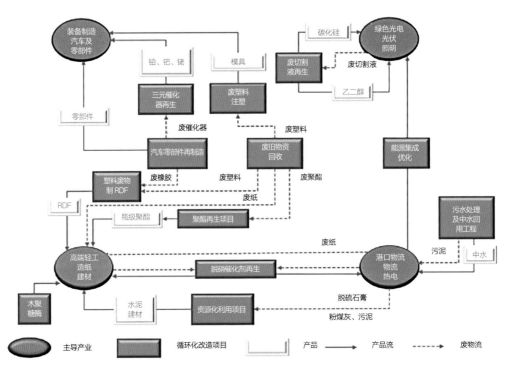

图 5-3 扬州市经济技术开发区循环经济产业链图

（一）发展迅速的现代服务业

近年来，随着"三、二、一"的三次产业格局的雏形初现，服务业也随之成为扬州市经济增长贡献和税收贡献的"首位经济"。服务业精彩成绩单的背后，是扬州坚持项目为王、效益为先，以项目撬动产业转型升级的不懈坚持。面对服务业各种新兴业态不断涌现的现实情况，为了系统性指导全市服务业提速发展，扬州市定期牵头对全市服务业发展系列政策进行优化完善，深刻把握经济转向高质量发展的根本要求，以现代服务业的提质增效发展，服务于扬州现代化经济体系建设，扬州市出台了《扬州市现代服务业提质增效（2017—2020 年）行动计划》《市政府关于实施扬州市现代服务业提质增效（2017—2020 年）行动计划的若干

政策意见》《2017 年度新增服务业重点企业考核办法》等政策意见，还制定出台了加快发展生产性服务业助力振兴实体经济、加快发展生活性服务业促进消费结构升级的工作清单和政策清单。

2016 年全市实现服务业增加值 2000 亿元，是 2012 年末的 1.7 倍，年均增长 14.26%，进入"十三五"以来，扬州服务业增加值增速持续位居全省第一，2017 年上半年实现服务业增加值 1105.71 亿元，增长 10.9%，服务业对扬州经济增长的贡献率达 55.6%。

全市各种新产业、新业态不断涌现并发展壮大，生产性服务业和生活性服务业的比例日趋合理，整个产业结构得到进一步优化提升。旅游业方面，全市已有国家 5A 级景区 1 家、

4A级景区10家，年接待量超百万人次景区（点）4个，旅游业占GDP比重达7.5%；软件和信息服务业营业收入达800亿元，连续5年保持50%增幅；现代物流业增加值232亿元，培育5A级物流企业1家，省级示范园区2家；科技服务业营业收入五年内增长3倍，服务机构数实现翻番。金融、文化、商务、商贸、健康与家庭等产业也保持了良好的增长势头。

（二）引领发展的特色服务业

扬州市现代服务业主要分为十大产业，即软件和信息、文化、金融、物流、科技、商务、商贸、家庭服务、健康服务。其中生态旅游业、健康服务业完美结合了扬州特色，是美丽中国扬州样板的重要组成。

1.生态旅游业

古人言"天下三分明月夜，二分无赖在扬州""一望青青青不断，绿杨回首忆扬州"……这座拥有2500年历史的文明古城，从古至今她的美经久不衰，历久弥新。扬州是国务院首批24座中国历史文化名城之一，同时也是我国首批优秀旅游名城。扬州的旅游业被确定为全市永久性基本产业，2015年实现旅游总收入600.71亿元，旅游业增加值占地区生产总值比重7.3%，比"十二五"期初提高了2个百分点。

扬州市注重提升旅游业发展的总体水平，把生态环境的承载力放在首位，大力发展生态旅游业。生态旅游业是凭借旅游资源，以旅游设施为基础，为生态旅游活动创造便利条件并提供所需商品和服务的综合性行业。扬州市有着丰富的自然景观和人文景观资源，其中"两

古一湖"，即古城、古运河和瘦西湖核心旅游板块，是扬州旅游业的核心资源〔图5-4〕。着眼未来旅游业，扬州树立了全域化旅游发展观，在盘活、做精城区旅游存量的同时，以旅游度假区为载体、以特色旅游名镇建设为抓手，大力发展全域旅游。因地制宜，利用宝应湖、清水潭、菱塘民俗风情、邵伯湖、"七河八岛"、夹江、瓜洲、枣林湾等独特的自然风光，重点打造旅游度假区，通过"一县一韵""一镇一品""一村一特色"，点状带动、面状辐射，实现错位发展和优势互补，逐步实现全域旅游联动发展。扬州还大力发展智慧旅游，通过建设综合游客服务中心，整合"吃、住、行、游、购、娱"各类旅游资源，进行扬州城市旅游智能导引导览服务。通过景点客流统计分析系统、路况及景区视频监控系统、"寻美扬州"APP、官方微信、微博等，为市民和游客提供高效、智能的游览指引，扬州正努力建成全国先进的智慧旅游公共服务网络和平台。

【专栏5-1】扬州旅游业发展布局

（1）最中国·扬州精粹旅游核心区：主要包括蜀冈—瘦西湖风景名胜区、扬州古城文化休闲旅游区、京华城休闲旅游区、廖家沟城市中央公园。

（2）世界遗产运河景观带：主要包括高宝邵伯湖泊风光旅游带、沿湖大道滨水生态旅游区、扬州大运河生态谷。

（3）绿韵·水乡生态游憩组团：主要包括宝应湖国家湿地公园、泰山殿宗教文化旅游区、邮运世遗旅游区、清水潭旅游度假区、射阳湖

图 5-4 扬州瘦西湖——烟花三月下扬州

旅游度假区、柳堡红色文化旅游区、水乡湿地乡村旅游集聚区、芦苇荡湿地旅游区、龙虬庄遗址公园、抗日最后一役纪念馆、回风寻古旅游区。

（4）怡养·河岛养生度假组团：主要包括邵伯湖旅游度假区、凤凰岛旅游度假区、自在岛生态旅游区、泰安原乡田园小镇、春江花都乡村旅游聚集区、扬州渔文化博览园。

（5）江风·滨江时尚休闲组团：主要包括智慧新城生态旅游区、扬州食品产业文化创意旅游区、瓜洲旅游度假区、夹江国际乡村生态旅游度假区。

（6）乐活·活力运动康健组团：主要包括枣林湾旅游度假区、庙山汉文化旅游区、登月湖风景区、天乐湖旅游度假区、捺山地质公园、白羊山森林运动公园。

2.健康服务业

古人言，"人生只爱扬州住，夹岸垂杨春气薰""人生只合扬州死，禅智山光好墓田"，扬州的美令人一生向往。健康服务业是国家鼓励发展的新兴产业，也是扬州市基础较好、重点发展的现代服务业。健康服务业非常契合扬州的城市特质，作为联合国人居奖城市，扬州"宜居、宜游、宜业"，有着得天独厚的旅游资源以及医疗、养身等特色产业。扬州健康服务业，将产业发展与民生幸福结合，将养老、医疗、旅游、体育等多产业融合发展，形成了契合城市特质的发展路径，走出了自己独特的模式。2015年，扬州市获批成立了长三角协调会健康服务业专业委员会，健康服务业增加值占地区生产总值比重达6.5%。2016年，张江高科医疗健康养老产业园项目获批2016年度省服务业重点项目，扬州瘦西湖生态健康及中医养生智能化社区项目获批2016年度省重大项目投资计划。全市健康服务业总规模达130亿元，占服务业增加值比重约为6.8%。

扬州积极发展亲子教育服务业、大众体育健身业、养老服务业、中医药健康服务业、养老地产业及其他健康服务关联产业，推进健康服务业"长三角区域—省级—市级"三级集聚示范发展，以仪征、生态科技新城等地为重点区域，在全市范围内培育了一批健康服务业示范园区。当前，扬州以智慧医疗、医学检验等现代健康服务领域为重点，不断加大对新兴业态健康服务业示范企业的培育力度。同时积极开展区域交流合作，进一步发挥长三角区域健康服务业牵头城市作用，拓展健康服务业合作领域，提升政府间和企业间合作水平，力争促成一批合作意向项目。

第三节 自然安逸——美好家园共建共享

世人爱扬州,扬州也不曾让人失望。城在园中,园在城中,亭台轩榭,霜落空月,江横烟波,那么多的柔和与婉转;秦观,苏轼,汪曾祺,那么多名人的扬州,那么自然安逸的扬州[1]。生活在扬州,柴米油盐酱醋茶也变得富有诗意,"干丝常煮碧螺绿,狮子头香桂花熟。早茶旦暮思泡水,陈酒初焙碳火炉。"[2] 扬州,就是这样,她让你看到眼前的苟且,却又温柔地辟出一隅来给你诗和远方。古今扬州人一脉相承,生于斯长于斯,自然也不遗余力的维护着这里的美好(图 5-5)。

近年来,扬州合理建设城市绿地,精心改造提升旧城,大力推广绿色建筑,不断提高社区管理水平,打造生态宜居城市。扬州的城乡发展是一体推进的,生态文明镇村的建设,村庄环境的综合整治,还有搬迁村庄的衔接与融合,只为打造和谐美好的村居生活。扬州不大,但是"麻雀虽小,五脏俱全",扬州完善的基础设施建设、便捷的公共服务体系为居民和游客提供了高质量的生活(图 5-6)。

一、生态宜居城镇建设

(一)旧城改造旧貌换新颜

随着城市的发展,实施旧城改造,是社会发展的需要,也是人民群众的诉求和呼声。扬州市大力度进行旧城改造,全力推进老城区、老小区、老宿舍、老宅子、老庄台、老校舍、老厂房、老街巷等"八老"改造,着力提升旧城形象。改造以"路、水、绿"三网先行,即道路的打通和路网的连通、水系的活化和清淤、河道两岸绿化和城市公园体系建设;其次是片区改造工

---

[1]　摘自江山文学网短篇散文《我来了,扬州》。
[2]　摘自知乎"病酒信陵君"用户发表的内容,https://www.zhihu.com/question/32114849。

图 5-5 踏雪寻春，乐活扬州

作，包括片区内的城中村改造、快速通道两侧景观提升、河道整治后的片区改造等；第三是区域内重点企业的搬迁和出城进园。

城中村改造是一项造福百姓的德政工程、民心工程，城中村改造涉及面广，工作量大，既要分工明确，也要合力推进。扬州市近年来对大学路以西、邗江路以东、南绕城公路以北，四望亭路至念四路、平山堂西路以南的西部区域和古运河以东、京杭大运河以西、江阳路以北、漕河路以南的东部区域内的105个"城中村"进行了改造，相关企业"出城进园"，着力改善了旧城形象。

按照统筹协调城市风貌的要求，对新老城区交接处、城市出入口、主次干道、河道沿线的景观进行塑造，切实加强了文昌路、扬子江路、江阳路、友谊路、文汇路、大学路、江都路、运河路和淮海路、南通路、泰州路、盐阜路一线的城市景观设计；同时严格对沿街新建进行规划管理，并对重点路段、河道、广场、商业集中区的LED进行了亮化改造，进一步了提升城市品位。

棚户区改造工作是"老城做减法"中的最大被减数，在所有"老城做减法"的项目中具有综合性地位，涉及民生幸福、城市形象。2015年，市政府印发了《关于加快市区棚户区（危旧房）改造工作的实施意见》，科学合理，因地制宜地推进棚户区改造工作。

（二）绿色建筑低碳生活

"绿色建筑"的"绿色"，并不是指一般意义的立体绿化、屋顶花园，而是代表一种概念或象征，指建筑对环境无害，能充分利用环

图 5-6 维扬夜景，美轮美奂

境自然资源，并且在不破坏环境基本生态平衡条件下建造的一种建筑，又可称为可持续发展建筑、生态建筑、回归大自然建筑、节能环保建筑等。绿色建筑和既有建筑相比，耗能可以降低 70% ～ 75%，甚至更高。绿色建筑的室内布局十分合理，尽量减少使用合成材料，充分利用阳光，节省能源，为居住者创造一种接近自然的感觉。

贯彻绿色、循环、低碳理念，开展绿色建筑行动，对转变城乡建设模式和建设产业转型升级，破解能源资源瓶颈约束，提高城乡生态宜居水平，培育节能环保、新能源等战略性新兴产业，具有十分重要的意义和作用。扬州在"十二五"期间，全市达到绿色建筑标准的项目总面积超过 400 万平方米，其中 2014 年新增 85 万平方米，邗江区、江都区、仪征市各新增 10 万平方米；高邮市、宝应县各新增 8 万平方米；广陵区新增 35 万平方米，市经济技术开发区新增 4 万平方米。2015 年，全市城镇新建建筑全面按一星及以上绿色建筑标准设计建造。"十二五"期末，建立起了较完善的绿色建筑行政监管体系、技术支撑体系、市场服务体系，形成具有扬州特点的绿色建筑技术路线和工作推进机制。

2017 年，扬州市把推广绿色建筑和强化建筑节能工作作为切实转变城乡建设模式的重要抓手，调动各方面的积极性，创新机制、提高效率、突出重点、市区联动，以"四节一环保""适用、经济、绿色、美观"的建筑方针为目标，积极推动全市绿色建筑的发展。截至 2017 年，扬州市绿色建筑星级建筑共有 50 个，示范建筑面积为 612 万平方米，其中三星级 13 个，二星级及以上共 38 个，二星级及以上绿色建筑面积为 424 万平方米，所占比例 69.3%，高星级绿色建筑发展在省内处于前列。

二、美丽现代村庄建设

"茅檐低小，溪上青青草。醉里吴音相媚好，白发谁家翁媪。大儿锄豆溪东，中儿正织鸡笼。最喜小儿无赖，溪头卧剥莲蓬。"提到村居生活，自然安逸的画面便在脑中闪现。随着城镇化的加快，村居生活在淳朴自然的基础上，变得更加便捷现代。扬州以 2018 年省运会、省园艺博览会和 2021 年世界园艺博览会的举办为节点，积极推进美丽乡（镇）村建设。全市 11 个重点中心镇对照"八个一"的标准，高水平打造区域性的医疗中心、救护中心、文体中心，打造标志性的生态、休闲、运动等功能复合叠加的"公共客厅"，实现基础设施、公共服务向周边地区、广大农村的延伸、覆盖。根据彰显地域特色，高水平打造美丽乡村，围绕"远看有形象，近看有亮点"，大力开展村庄环境大整治、交通安全大整治等专项行动，塑造具有历史传承、地域特征、文化特色的村庄风貌，把美丽乡村建设成为美丽中国扬州样板的一道靓丽风景线。

（一）生态美丽镇村建设

扬州市紧扣"农民生活富裕、农业生产先进、农村生态良好"的核心要求，全面开展美丽乡村示范建设，通过示范创建和典型引路，加快打造宜业、宜居、宜游的都市美丽乡村、农民幸福家园。2015 年，全市 1108 个行政村中，已有 949 个村创成市级生态村、65 个村创成省级生态村、3 个村创成国家级生态村，生态村创成率达 91.8%；全市累计有 72 个涉农乡镇获得国家生态乡镇命名或通过考核待命名，国家生态乡镇创建实现了全覆盖。

2017 年，扬州市制定了《扬州市"美丽乡村"建设行动计划》，明确了"美丽乡村"的建设重点，即江淮生态大走廊周边、高速和国省干道沿线、中心城市和县城近郊、城市生态中心和旅游景区周边，总数约 400 多个村。这些村庄将分批纳入"美丽乡村"建设计划，力争在 2019 年底前全部整治到位。在第四届"江苏省最美乡村"的评选中扬州五村脱颖而出成为候选村，最后仪征市月塘镇郑营村和邗江区甘泉街道长塘村成功入选。

【案例 5-6】江苏最美乡村——仪征市月塘镇郑营村

（1）基本情况：郑营村坐落在苏中第二高峰——捺山脚下，坐拥著名的省级捺山地质公园，占地面积 10.3 万平方米，拥有上亿年的木骨化石、石柱林地质奇观，雨花石产量占国内 80%。郑营村山水资源丰富，境内 5 湖 4 坝，倒映出天然的湖光山色，景观树木品种丰富，搭配和谐，覆盖率达 40% 以上。拥有耕地面积 2720 亩，茶田面积 2200 亩。

（2）建设内容：近年来，郑营村大力发展高效农业、生态旅游，引进了被列为扬州市级重大项目的元泉湾水产养殖生态园、扬州地区最大油用牡丹栽植基地的牡丹园、省四星级乡村旅游示范区——捺山那园。结合月塘特色小镇建设，精心打造郑云组精品民宿，同捺山那园连成一体，贯通捺山那园、牡丹园、元泉湾水产养殖生态园，初步形成了逛捺山、游那园、赏牡丹、吃龙虾、住民宿、品绿茶的一连串旅游服务。拓宽主干道、铺设柏油路、建设污水管网、新建污水处理站、新建无害化公厕、河道清淤、新建停车场，各项民生工程全面推进。1000m² 便民服务中心投入使用。

（3）示范作用：郑营村，先后获得"江苏省无公害茶叶产地""江苏省休闲观光农业示范村"等荣誉称号。2016 年村集体经济收入 78 万元，村民人均可支配收入 21540 元，村庄居民生活美好富足，自然安逸（图 5-7、图 5-8）。

【案例5-7】江苏最美乡村——邗江区甘泉街道长塘村

（1）基本情况：长塘村地处扬州市西郊，甘泉街道西南部，地势较为平坦，水资源丰富，自然风光秀美，面积4.5km²。

（2）建设内容：近年来，长塘村通过对村集体所有的闲置房屋、耕地等资产实行租赁、发包，依托资源优势，发展农产品加工产业，大力实施高效农业，实现富民强村。依托影视基地、樱花园、陈园，大力发展文化产业和乡村旅游产业。便民服务中心、文体广场、卫生服务室等公共基础设施齐全，道路硬质化、路灯亮化、道路绿化、厕所生态化等工程全面推进。广泛开展核心价值观宣传教育，在主干道两侧、村民集中区和景区开展形式多样的宣传，开展"立德树人、文明家风"评比活动，以"善行助人、和孝助家、精成助业、仁爱助邦"为标准，推选村民代表上厚德榜。打造"清风邗城——廉政家风主题园"，倡导勤廉家风、家训，弘扬中华民族传统美德。

（3）示范作用：长塘村，先后获得"江苏省社会主义新农村建设示范村""江苏省民主法治示范村""江苏省和谐社区建设示范村""江苏省无邪教示范村"等荣誉称号。2016年村集体经济收入103.03万元，村民人均可支配收入25656元。村居生活美丽整洁，道德建设深入人心，为各地美丽乡村建设提供了经验（图5-9、图5-10）。

图5-7 郑营村捺山那园

图5-8 郑营村自然村貌

图5-9 长塘村陈园

图5-10 长塘村村庄风貌

（二）村庄环境综合整治

全面建成小康社会，农村是重中之重，环境是突出短板。农村环境既是最薄弱的难点，也是最有潜力的突破点和创新点。农村环境综合整治，是"环境美"的重要内容。自2010年江苏被确定为全国农村环境连片整治示范省以来，在环保部、财政部等国家有关部委的精心指导和有力支持下，江苏省委、省政府启动实施了美好城乡建设行动和农村环境综合整治工程。扬州市村庄环境的综合整治工作也一直在积极推进中，并取得了显著性的成果。

高邮市覆盖拉网式农村环境综合整治工作从2013年到2017年，分5年实施，共涉及65个行政村，占行政村总数的34%。由于高邮市覆盖拉网式农村环境综合整治项目是在试点村开展，因此市整治办结合优美乡村、水美乡村建设统筹兼顾，优先选择环境基础较好的、集体经济实力较强、领导班子有力、村民积极支持的村庄作为试点，做到以点带面，全面发展。项目开展前主动深入农村，对试点村进行调查，做到项目方案既保持乡土特色，保留自然风貌，维护村庄形态，突出人文特点，又做到科学设计，因地制宜。

高邮市2013—2014年度覆盖拉网式农村环境综合整治工作，共涉及10个乡镇，25个行政村，新建日处理30~100t的污水处理设施8座以及配套管网63852m，17个行政村采用污水接管方式，铺设管网22265m，建成240个化粪池、1666个小垃圾房、56处垃圾收集站，新增11辆垃圾清运车。2015年度覆盖拉网式农村环境综合整治工作，共涉及3个乡镇15个行

政村，新建日处理20~60t的污水处理设施6座以及配套管网17364m，9个行政村采用污水接管方式，铺设管网24038m，新建844座小垃圾房、33处垃圾收集站，新增8辆垃圾清运车。2016年度覆盖拉网式农村环境综合整治工作，共涉及3个乡镇，12个行政村。至2017年，全市共65个行政村全部顺利完成了综合整治任务。

2017年，覆盖拉网式农村环境综合整治工作在江都区大桥镇11个行政村也全部实施到位，开展了农村生活污水治理项目4个，其中分散式污水处理设施项目2个，配套接管总长10.6011km；接管项目2个，接管总长度11.49281km。在乡村垃圾处理中，新增小型垃圾车11辆，集中垃圾收集站房33座。实际投入资金887万元。

扬州市农村环境综合整治以硬件设施建设为主，切实改善污水、生活垃圾等污染，同时注重软件配套，进行全过程的整治资料收集，做到每项工作都有留痕，建立了完善的台账资料，便于后期管理。

三、便捷完善的公共基础服务

统筹城乡基础设施，构建便捷公共服务，是保证民生幸福的基础工程。扬州市不断健全完善基础服务，提高居民生活质量和幸福指数。

（一）深化改革医疗卫生服务

近年来，全市不断深化医药卫生体制改革，卫生计生事业得到了长足发展。医疗卫生改革深入推进，基本医疗体系日益完善，医疗

卫生服务质量、服务效率、保障水平显著提高，城乡居民健康差异进一步缩小，居民主要健康指标位于全国前列，各项目标任务全面完成。2015年末，扬州居民人均期望寿命为78.97岁，婴儿死亡率2.65‰。全市卫生机构总数1780所，每千人口床位数达到4.49张，每千人口卫生技术人员5.89人，每千人口执业（助理）医师为2.19人，每千人口注册护士2.22人。为全面建成小康社会，实现"人人享有基本医疗卫生服务"打下了坚实的基础。

扬州市坚持"保基本、强基层、建机制"的原则，实施医疗、医药、医保三医联动，持续推进医药卫生体制改革，取得明显成效。全民医保的制度基本建立，多渠道的投入保障机制不断完善。所有政府办基层医疗卫生机构全部实施基本药物制度，全市12家城市公立医院和13家县级公立医院全面实行药品零差率销售，群众看病就医费用负担有所减轻。

"15km半径医疗急救圈"的建成，在省内率先实现了覆盖城乡的医疗急救网络体系，实现了15km半径内院前急救、转运、院内急救以及突发公共卫生事件紧急医疗救援的"无缝衔接"。打造"15分钟健康服务圈"，全市乡镇卫生院（社区卫生服务中心）新、改、扩建比例达46%，创成省示范乡镇卫生院（社区卫生服务中心）59家，占全省比例的57%。全面启动了农村区域性医疗卫生中心建设，农村基本医疗卫生服务能力不断提高，18家区域性医疗卫生中心建设进展顺利。

基本公共卫生服务经费标准提高到了人均50元，服务项目增加到12类45项，重大公共卫生服务更有保障。每年为46万名65岁以上老人提供免费健康体检，规范管理高血压患者37万人、糖尿病患者9.8万人、重性精神疾病患者1.1万人，每年为10万农村妇女免费提供宫颈癌筛查、乳腺癌筛查，为2万名农村孕产妇提供不低于500元的住院分娩补助、免费增补叶酸等服务。基本公共卫生服务逐步均等化。

（二）丰富多彩文化体育活动

丰富多彩文化体育活动是现代居民陶冶情操，锻炼身体的主要途径之一，为满足居民的需求，扬州市积极完善公共文体服务体系，提高居民生活质量。

扬州市积极打造公共体育服务体系建的"扬州样本"，体育休闲公园的"扬州模式"曾被人民日报、中央电视台等媒体重点报道。扬州主要从4个方面来进行体育公共服务：一是以"迎省运、健康扬州动起来"为主题，开展第十五届全民健身体育节、首届大学生篮球联赛、首届青年运动会、2016中国太极、印度瑜伽（扬州）大会等各类500余场次、300多万人参与的全民健身活动，营造了浓厚的"迎省运"全民健身氛围。二是实施全市域体育设施加密工程，全年新建、更新健身路径、篮球架等健身设施1700余件。开展公园体系建设奖补，引导提升体育设施硬件标准和软件服务水平，助推建成60个体育休闲公园。三是广泛开展科学健身指导。设立"全民健身大讲堂"，首创全民健身益站＋体育休闲公园模式，建设扬州市全民健身益站——宋夹城，成立江苏省社会体育指导员（扬州）讲师团。四是加强体育社团自身建设和作用发挥。市5A级体育社团达4个，新成立了扑克牌运动协会、电子竞技运动协会，设立300万元公共体育服务引导资金，依托市级体育社团开展体育"五进"等100余场次活动，参与人数近百万。

公共文化服务方面首先完善了公共文化设施网络，全市共有图书馆、文化馆各7个，乡镇（街道）文化站83个，村文化室（农家书屋）1115个，社区文化室403个，农村文化广场1030个，城市影院27家，放映农村（社区）公益电影6万余场。全面建成了市、县、乡镇、村四级文化共享工程服务网络。在全省率先实现有线电视"户户通"和数字电视整体转换，广播和电视综合人口覆盖率均达到95%以上。各县（市、区）公共文化服务中心建设取得突破性进展。市文化馆以专家评分第一被文化部表彰为2015年全国优秀文化馆，全市7家文化馆首次全部跻身国家一级馆。扬州市"四位一体"公共图书馆服务体系入选第三批创建国家级公共文化服务体系示范项目名单。邗江区和21个乡镇（街道）创成省级公共文化服务体系示范区。高邮市入选了第三批省级公共文化服务体系示范区建设名单。高邮市三垛镇文化站被中宣部表彰为第六届全国服务农民、服务基层文化建设先进集体，江都区"种文化志愿服务繁荣农村文化"项目被中宣部、中央文明办表彰为全国学雷锋志愿服务"最佳志愿服务项目"。全面推进书香城市建设和全民阅读活动，创设了"朱自清读书节"，4户家庭获颁全国"书香之家"。

（三）优化整合教育资源

扬州市坚持公平优质的价值取向，面向全体、全面提高，促进义务教育由基本均衡达到优质均衡。全面推进区域教育现代化工程，加快城乡教育一体化进程，努力消除城乡二元教育结构。

"十二五"以来，全市新改扩建公办幼儿园59所，新增公办学位1.8万个，97%的乡镇实现了至少有一所达省优标准公办中心园的目标，学前教育水平明显提升。2015年，公办幼儿园占比由2010年的56.1%提高到61.1%，省优质幼儿园占比由2010年的62.5%提高76.3%。"入园难""入园贵"等问题得到一定程度的缓解。扬州市编制了《扬州市幼儿园"十三五"建设规划》将学前教育纳入经济社会发展规划和城镇建设规划，逐步实现就近入园入托。

所有县（市、区）均通过国家"义务教育发展基本均衡县"督导认定。实施义务教育学校标准化、现代化建设工程，全市新创义务教育现代化学校201所，义务教育现代化学校比例达60%，小学、初中办学条件均衡差异系数符合要求的县（市、区）均达100%，全市义务教育阶段区域、城乡、校际差距明显缩小。

全市达省三星以上高中31所，占88.6%，其中四星级高中16所，占46%。以省课程基地建设为抓手，推进普通高中学校特色建设，全市拥有省课程基地14个，创新实验项目2个，拔尖创新人才培养取得一定进展。高中教育布局，坚持优质发展与特色发展相结合、强化基础与发展个性相结合、知识传授与社会实践相结合，全面提升普通高中整体办学水平和学生综合素质。

职业教育服务围绕基本产业和企业发展需求，调整专业设置、更新课程内容、改进教学方法，推进工学结合、校企合作，全市职业教育与地方经济发展的契合度明显提高，毕业生本地就业率达到80%以上。以专业中心建设为纽带，推进职教资源整合，成立市职业教育集团，建立了机械、汽车、电气自动化、建筑、化工、纺织服装、旅游商贸以及电子信息等八大专业中心，是省内首创。宝应、高邮、江都、仪征、邗江等五个县（市、区）均已建成一所省四星级中等职业学校。

第六章

首倡江淮生态大走廊
精建和谐共生绿通道

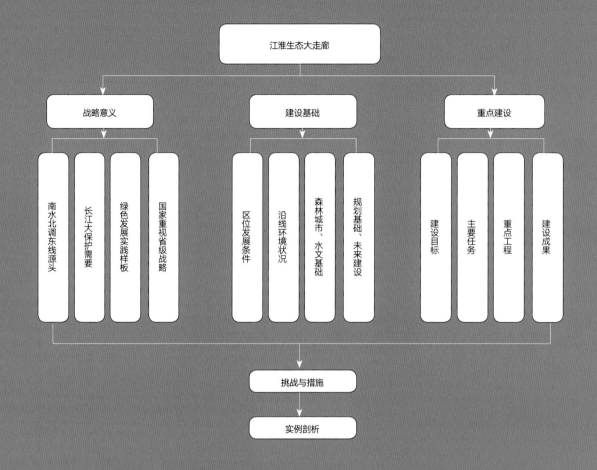

　　"故人西辞黄鹤楼，烟花三月下扬州。"江苏扬州地处长江运河交汇处，依水而建、缘水而兴、因水而美。
作为南水北调东线取水源头的城市，扬州自觉打造清水廊道，护佑一江清水北上，率先启动江淮生态大走廊规划建
设。为呼应长江经济带国家战略，江苏省在南水北调沿线高起点规划建设江淮生态大走廊，以此为主轴构筑起江淮
大地的生态安全屏障。江淮生态大走廊纵跨长江、淮河两大流域，是我国南水北调东线工程重要的清水走廊、淮河
流域东部的蓝色生态屏障、长三角区域"三横两纵"生态网架的重要组成部分。开展江淮生态大走廊建设，不仅对
于在我国长江、淮河流域践行生态优先、绿色发展的理念具有典型示范意义，也是促进大运河经济带发展、带动江
苏省苏中苏北绿色发展的重要引擎。立足南水北调东线工程水质改善和区域可持续发展，江淮生态大走廊建设以京
杭运河为主干线，以南水北调东线工程输水线路所经的地级市运用为规划范围，具体包括扬州、泰州、淮安、宿
迁、徐州 5 市，核心区为南水北调东线工程输水线路所经水域及其汇水区两岸 1km 范围所在的镇（街道）。

　　习近平总书记在党的十九大报告中指出，"建设生态文明是中华民族永续发展的千年大计，必须树立和践行
绿水青山就是金山银山的理念"，要"实施重要生态系统保护和修复重大工程，优化生态安全屏障体系，构建生态
廊道和生物多样性保护网络，提升生态系统质量和稳定性"。扬州市一直以来把绿色作为扬州的城市底色、发展主
色和鲜明特色，把保护好源头生态、确保一江清水北送作为扬州人对全国人民的第一责任，沿南水北调东线输水廊
道规划建设了面积 1800km² 的江淮生态大走廊（扬州段），以此为主轴构筑起江淮大地的生态安全屏障。扬州作
为江淮生态大走廊源头城市，其首发先行的绿色发展生态建设模式提供了大走廊沿线城市建设的实践样板。

第一节 战略意义——大局所需，绿色先行

提升生态文明、推进绿色发展，打造"美丽中国"已经成为全社会上下的强烈共识和一致行动。江苏省扬州市于 2013 年率先提出规划建设江淮生态大走廊的设想，省委省政府对此给予了高度重视，认为建设江淮生态大走廊是践行绿色发展理念和省委最新要求的核心工程、龙头工程和战略工程。

江淮生态大走廊南牵长江经济带、北联京津冀一体化城市圈，"一河清水"连接两大国家战略，走廊的地理原点和实施起点都在扬州，如何在建设过程中打造生态保护与绿色发展的示范区域，扬州重担在肩惟担当。2014年，谢正义书记首次提出在扬州市域范围内依托南水北调输水干线、重要湖泊湿地规划建设江淮生态大走廊的构想，自此拉开了建设江淮生态大走廊扬州段的序幕。大走廊的建设对维护区域生态平衡、提升生态涵养功能、改善区域环境质量、保障清水通道水质安全具有十分重要的意义。对于大走廊沿线地区的发展之路，扬州以生态文明、绿色发展为核心，重点打好"生态牌、文化牌、城市牌"，在区域板块竞合发展中走出一条合作共赢、和而不同的创新发展之路，提供了强有力的先行示范。

一、南水北调东线源头

扬州是南水北调东线工程的源头，南水北调东线水源区位于扬州境内三江营，长江水通过夹江、芒稻河提水后逐级北送。"确保工程运行平稳、水质稳定达标"是习近平总书记对南水北调东线工程提出的明确要求。南水北调东线一期工程自 2013 年正式通水以来已经累计向北输水超过 13 亿立方米，水质全部达到地表水 III 类水标准。但是从整个长江、淮河流域看，水质安全仍不乐观（仅长江沿线每年集中排放的废污水就达到 300~400 亿吨，沿线 6000 多个观测断面合格率为 80%），长期稳定实现"清水北送"存在较大压力。加之污染源涉及多种行业、多个地区，在更高层面上加强

区域共治成为当务之急。

因此，建设江淮生态大走廊，进一步提升南水北调输水通道周边区域的污染防治水平，改善区域水环境质量，是南水北调东线工程"清水北送"的重要保障。在省委、省政府的领导下，扬州市坚持治污、防污、监管、涵养多管齐下，积极探索打造南水北调"清水源头"，确保东线输出"放心水"，对区域共治的全局建设有着积极的带动意义。

二、长江大保护需要

2016 年 1 月，习近平总书记在重庆长江经济带发展座谈会上，强调指出"当前和今后相当长一个时期，要把修复长江生态环境摆在压倒性位置，共抓大保护，不搞大开发。"江淮生态大走廊建设不仅是贯彻中央"生态文明"要求和"绿色发展"理念的必然要求，也是促进南水北调水质稳定达标、修复长江生态环境、保障淮河入江水质达标的迫切需要。

扬州沿江通淮，中贯运河，横跨长江、淮河两大流域，淮河的水 70% 从扬州入江之后再入海。同时，淮河是长江下游的第一大支流，所以长江大保护在下游、在江苏首先要搞好淮河入江的清水保护，而建设江淮生态大走廊正是长江大保护的重要组成部分。江淮生态大走廊的最南端三江营是淮河与长江的交汇点，也是国家南水北调东线工程水源地的核心区，长江水沿京杭大运河逐级提水北送，依托南水北调东线工程规划建设的江淮生态大走廊，是江苏省江水北调的主干线，是落实习近平总书记

对长江经济带"共抓大保护、不搞大开发"重要指示的生动实践，是呼应长江经济带发展战略的主动作为。习总书记提出的建设"美丽中国""共抓长江大保护、不搞长江大开发"以及在江苏视察时要求努力构筑"自然环境之美、景观风貌之美、文化特色之美、城乡协调之美"交相辉映的"环境美"现实模样等，为扬州市提升生态文明、发展生态文明提供了遵循。

三、绿色发展，实践样板

江苏以全国约 1% 的国土面积，承载着 6% 的人口和 10% 的经济总量，资源与生态环境压力十分巨大，但由此倒逼出的绿色发展空间也十分可观，可为中国沿海发达地区应对全球绿色发展趋势挑战方面寻找方向，树立标杆。2017 年初，省委李强书记专程到扬州视察大走廊建设推进情况，勉励扬州先行先试，打造在全国具有示范性、引领性、先导性的"生态走廊、清水走廊、绿色走廊"。足以见得，规划建设江淮生态大走廊既是致力于在生态建设和环境保护上寻求突破、挺起扬州"绿色脊梁"的区域工程，也是绿色发展、示范全省的样板工程，更是服务长江大保护和南水北调东线水质安全的责任工程。

2013 年 12 月南水北调东线一期正式通水初期，扬州就围绕清水走廊的生态保护，酝酿和思考江淮生态大走廊的规划建设问题，坚持控污、治污、监管、涵养多管齐下，保护南水北调源头水质，江淮生态大走廊沿线基本建成 6 个 $10km^2$ 的生态中心，退渔还湖近万亩。同时，

制定了《南水北调东线水源地生态功能保护区规划》，把输水沿线周边 340km² 范围划定为核心保护区，划定 871.18km² 为生态红线区域，占江淮生态大走廊规划面积的 48%。投入 1.19 亿元实施引江河整治与湿地保护、生态林网与生态廊道建设、面源污染控制、生态监测预警系统建设。设立生态科技新城管委会，加强对这一区域的生态保护，并以人大常委会决议的方式，对其辖区内"七河八岛"生态中心区域实施"四控一禁"（控宽、控高、控强、控污和禁止违法建筑），用法律守住开发建设底线。2016 年 11 月，扬州市环保局按照市委市政府要求，针对江淮生态大走廊 1800km² 范围牵头编制了《扬州江淮生态大走廊环境保护规划》，市规划局组织编制了《"七河八岛"地区空间管制规划》和《扬州市环邵伯湖地区旅游开发规划研究》。2017 年，结合全市"263"专项行动，又制定了《扬州江淮生态大走廊行动方案》，排定 27 个重点项目，总投资达 62 亿元。结合省及有关部门关于大走廊建设的设想，借鉴淮安、盐城等先进地区的做法经验，扬州以生态环保为基础和底色，强化规划与新型城镇化、产业结构转型升级、绿色产业发展、长江经济带与淮河经济带建设的对接、融合，进一步提升了大走廊建设的综合性、开放性和可行性。

在扬州规划建设生态大走廊，高标准实施一批环境治理、生态修复工程，大力改善区域生态环境质量，建成扬州东部绿色生态屏障，是倒逼经济结构调整、产业转型升级、城市发展提质的重要途径，是落实水污染防治行动计划的重要举措，是打造美丽中国扬州样板的重要实践。在探索打造"环境美"的江苏实践中，扬州切实增加推进"两聚一高"的绿色发展实践样板。

首先，扬州围绕"聚力创新"，构造最现实的发展路径，以生态文明建设倒逼发展方式转型，加大供给侧结构性改革力度，加快形成以创新为引领的经济发展新动能，打造绿色GDP。例如，结构调优，扬州首当其冲的是让现代服务业成为经济发展的"绿色引擎"，大力推进符合城市特质的文化旅游、软件和互联网、健康养老和现代金融、物流、科技服务等生产性服务业，推动"十三五"时期扬州市服务业占比突破 50%；创新升级，加快淘汰落后、低效产能的同时，持续推进内涵提升型、节能环保型、服务平台型、两化融合型等技改项目，近年来扬州工业技改投入年均增幅达到 20% 以上，持续加快的科技创新步伐使得全市高新技术产业、战略性新兴产业产值占规上工业比重分别提升至 44.7%、43.6%。

其次，扬州围绕"聚焦富民"，创建最可持续的发展模式，以民生需求倒逼物质财富与生态财富的同步积累，既让群众的"口袋"鼓起来，又让身边的"生态"好起来。一是放大生态的直接价值。例如，在大走廊沿线推进"百里风光带"建设，鼓励沿线居民植树造林与"珍贵化、彩色化、效益化"相结合，据测算，扬州大走廊沿线种植林产生的经济效益为实施精准扶贫提供了直接助益。或者，以农业供给侧改革为抓手，大力发展生态农业、精细农业，全面推进农药化肥减量使用，农产品的生态含金量大幅提升。例如，扬州市高邮、宝应两地出产的生态大米，价格普遍比一般大米贵80%，但仍供不应求。二是提升生态的附加价值。2017年1月26日，《人民日报》头版和央视《新闻联播》相继报道了扬州市江淮生态大走廊建设情况，谈及的"渔民上岸"工程就是有益的尝试。渔民上岸后，以前的渔民"棚户区"改造成了美丽的原生态湿地，凭着独特的渔文化生态旅游资源，不少渔民办起了渔家民宿、渔家餐饮，引来天南地北的游客。三是精心打造生态福利。江苏省委多次强调"良好生态环境是最普惠的民生福祉"。近年来扬州大力实施"清水活水""1161菜篮子""共保蓝天"等工程，精心建设生态中心、公园体系，推进全市人民都喝上了干净水、吃上了放心菜、呼吸上了新鲜的空气。

从扬州情况看，近年来扬州市生态投入逐年增加，但经济发展并没有受到制约，GDP增幅已连续3年在全省保持前三。与此相得益彰的是，生态财富正成为扬州城市的最大普惠福利，目前扬州的森林湿地覆盖率已达51.5%，绿化覆盖率达43.71%，饮用水源水质达标率100%，年空气优良天数保持在62%以上。作为江淮生态大走廊原点，扬州为走廊沿线各市在绿色发展的生态建设上提供了优秀的借鉴。

四、国家重视，省级战略

2014年，李克强总理、张高丽副总理在江苏信息第103期《东线输出放心水》材料上做出重要批示，充分肯定江苏扬州市的做法，认为江苏保水有力，为"清水北送"提供经验，

要求东线和中线其他省市学习借鉴。2015年8月份，时任省委罗志军书记、李学勇省长来扬调研，对扬州江淮生态大走廊规划建设给予高度关注和肯定。2016年3月3日，中共扬州市委书记谢正义带队赴环保部向陈吉宁部长作了专题汇报，得到陈部长的充分肯定和支持，国家发改委有关领导对扬州方案也十分满意，并给予了深入指导。2016年9月5日，张高丽副总理关于"扬州清水北送"优秀做法的重要批示请国家发改委和环保部阅酌。

江苏省委书记李强、省长石泰峰多次来扬州调研，认为打造南水北调清水廊道，加快推进江淮生态大走廊建设，与中央"五大发展理念"以及"共抓长江大保护"战略高度吻合。为此，2016年9月，省委李强书记来扬调研时，充分肯定扬州市关于规划建设江淮生态大走廊的构想，并责成省委研究室、省发改委作为全省"十三五"重大课题进行专题研究。经多次汇报对接，环保部、省环保厅在编制"十三五"相关规划时，对此给予高度关注。同年11月，江苏省十三次党代会报告上明确提出："在南水北调沿线高起点规划建设江淮生态大走廊，以此为主轴构筑起江淮大地的生态安全屏障"。

"风无边水无界"，江淮生态大走廊污染防治必须在守土有责的基础上形成共治合力，江淮生态大走廊建设涉及省（市）众多，必须在国家层面统筹协调、统一规划、同步推进。经过市委、市政府和市级各相关部门的主动争取、多方协调，江淮生态大走廊在纳入国家《长江经济带生态环境保护规划》的基础上，纳入了《淮河生态经济带规划》，省发改委已牵头

编制《江苏省江淮生态大走廊建设工程总体实施方案（征求意见稿）》，明确了全省江淮生态大走廊建设范围。时任省委书记李强、黄莉新副省长等省级领导多次现场视察，省人大主任带队专门赴扬督办扬州大走廊建设情况，宝应、高邮作为江淮生态经济区的重要组成部分，均体现出省委、省政府对扬州建设江淮生态大走廊的高度重视。

为科学推进生态大走廊建设，扬州市环境保护局组织编制《扬州江淮生态大走廊建设保护规划》，作为扬州江淮生态大走廊建设的指导文件和行动纲领，致力将江淮生态大走廊建设成为挺起扬州"绿色脊梁"的区域工程，服务长江大保护和南水北调东线水质安全的责任工程，绿色发展、示范全省的样板工程。

第二节 建设基础——区位独特，条件优渥

扬州江淮生态大走廊〔图 6-1〕，地处长江、淮河两大水系下游沿岸、江苏中部，穿越扬州市区、宝应县和高邮市，总面积约 1800km²，具体范围如图 6-2 所示。

一、区位优势独特，发展基础优越

（一）境内水系发达

扬州是江苏省唯一一个地跨长江与淮河两大流域的水生态、水环境、水景观、水文化体系完整的城市，生态区位十分重要。江淮大走廊范围内河网密布，水系复杂，江、河、湖相连，主要湖泊有白马湖、宝应湖、高邮湖、邵伯湖等，主要河流有京杭大运河、潼河、三阳河、新通扬运河、廖家沟、芒稻河、夹江等，京杭大运河贯穿南北，境内全长 143km。

扬州为南水北调东线工程源头地区，从三江营处抽取长江水，通过夹江、芒稻河提水后分两条水路上溯，一条通过高水河、京杭大运河，一条向东通过通扬运河、三阳河、潼河，两条水路在潼河与京杭大运河交汇处汇合后逐级提水北送。同时，作为东线抽江引水河道的夹江、芒稻河、廖家沟三条河流也正是淮河的入江水道。高邮湖、邵伯湖及其下游与江都水利枢纽工程相连的各入江河道，为淮河入江行洪走廊，高邮湖上承淮河中上游的来水，下经邵伯湖泻入长江〔图 6-3、图 6-4〕。

（二）生态资源丰富

大走廊境内湿地资源丰富，湖泊湿地（高邮湖、邵伯湖、白马湖、宝应湖等）69.88 万亩、河流湿地（长江、三阳河等）22.9 万亩、沼泽湿地（邵伯湖中草本滩地）2.39 万亩、人工湿地 21.08 万亩，其中重点湿地近 87.1 万亩。丰富的湿地资源为野生动物提供了良好的栖息场所，沿江区域内有丰富的藻类、浮游动物、底栖动物和水生高等植物〔图 6-5、图 6-6〕。

图 6-1 空中俯瞰生态走廊

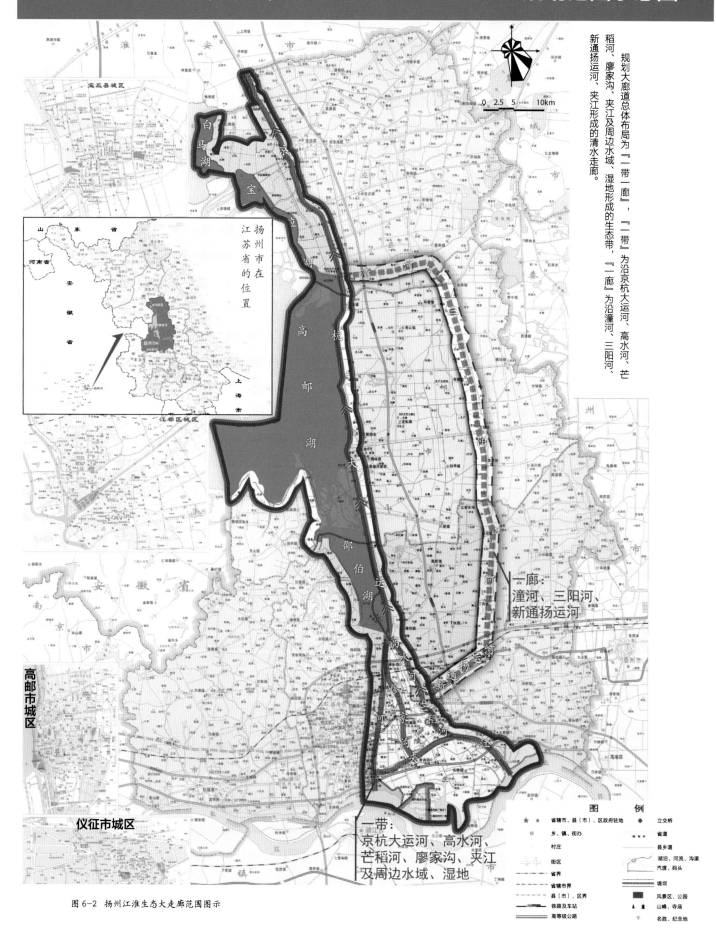

江淮生态大走廊（扬州）规划（2016—2025年）

规划范围示意图

规划大廊道总体布局为『一带一廊』，『一带』为沿京杭大运河、高水河、芒稻河、廖家沟、夹江及周边水域、湿地形成的生态带，『一廊』为沿潼河、三阳河、新通扬运河、夹江形成的清水走廊。

宝应县城区

白马湖

宝应湖

山东省

河南省

安徽省

扬州市在江苏省的位置

上海市

江都区城区

高邮湖

杭

大

运

河

邵伯湖

一廊：
潼河、三阳河、
新通扬运河

高邮市城区

仪征市城区

安徽省

南京市

一带：
京杭大运河、高水河、
芒稻河、廖家沟、夹江
及周边水域、湿地

图 6-2　扬州江淮生态大走廊范围图示

图例

省辖市、县（市）、区政府驻地　　立交桥

乡、镇、街办　　　　　　　　　省道

村庄　　　　　　　　　　　　　县乡道

街区　　　　　　　　　　　　　湖泊、河流、沟渠

区界　　　　　　　　　　　　　汽渡、码头

省界　　　　　　　　　　　　　堤坝

省辖市界　　　　　　　　　　　风景区、公园

县（市）、区界　　　　　　　　山峰、寺庙

铁路及车站　　　　　　　　　　名胜、纪念地

高等级公路

图6-3 高水河及新通扬运河沿岸

由于扬州气候条件优越，区域内长江水受潮汐作用明显，水体交换量大，溶解氧丰富，并带来众多的有机物和饵料资源，吸引了鱼类索饵、洄游，一年中适宜鱼类生长的时间有8个多月，为各种鱼类资源的生长繁殖创造了相当优越的环境条件，拥有丰富的渔业资源。湖区水产品以"宝湖牌"优质大闸蟹、青虾、银鱼、梅鲚、四大家鱼、鳜鱼、花骨、老鳖等闻名于世。此外，高宝邵伯湖区建有4个国家级水产种质资源保护区（高邮湖大银鱼湖鲚国家级种质资源保护区、邵伯湖国家级水产种质资源保护区、宝应湖国家级水产种质资源保护区、高邮湖河蚬秀丽白虾国家级水产种质资源保护区），总

面积16.85万亩，核心区2.82万亩。沿江建有长江扬州段四大家鱼国家级水产种质资源保护区2.55km²的保护区。

此外，大走廊也是东亚候鸟的迁徙通道，淮河入江口区域是"长江三鲜"的主产区，同时，夹江入江口还是国家一级保护动物江豚的自然栖息地。毋庸置疑，江淮生态大走廊是全省南北向重要的生态屏障。

（三）社会经济稳步增长

近年来，扬州市经济保持快速平稳的发展势头，2015年规划区域人均地区生产总值约为9万元。2015年全体居民人均可支配收入约2万元，其中，城镇常住居民人均可支配收

图 6-4 万福大桥美景

入约 3 万元；农村常住居民人均可支配收入 1 万余元，人民生活水平不断提高。

长江区域附近分布有较发达的乡镇带，人口密集，文化发达，城市化和工业发展程度较高，且正处于快速扩张阶段。江淮大走廊范围涉及一个国家级开发区：扬州经济技术开发区；三个省级开发区：江都开发区、高邮开发区、宝应开发区；两大产业园：杭集工业园、广陵产业园。主导产业为机械装备、石油化工、汽车、船舶和新能源、新光源等产业。

农业发展水平高，区域内的江都、高邮、宝应三县（市、区）位于运东里下河地区，是水网密布的高产农业区。近年来，特色农业快速发展，宝应的荷藕、河蟹、生猪，高邮的高邮鸭、罗氏沼虾、扬州鹅，江都的花木、蔬菜等均已成为产业规模超 10 亿元的县域特色产业。农业内部结构不断优化，养殖业占农业总产值比重达 47.5%，种、养业各占半壁江山。农业经营方式得到进一步改善，以海峡两岸（扬州）农业合作试验区为载体，农业园区快速发展，省级农业产业园区实现县（市、区）全覆盖。

二、沿线环境良好，提升方向明确

（一）水环境质量

（1）饮用水水源地：2015 年，扬州江淮大走廊境内共有集中式饮用水水源地 14 处。2015 年，扬州市饮用水水源地水质均保持稳定，100% 达标，水质符合《地表水环境质量标准》GB 3838—2002 Ⅲ 类标准。

（2）地表水：2015 年，江淮大走廊 20 个市控以上断面中，达标断面为17个，达标率为85%。其中国控断面达标个数4个，达标率80%；省控断面达标个数6个，达标率85.7%。20个市控以上断面中，Ⅰ～Ⅲ类水质断面为15个，占总断面数的75%；无劣Ⅴ类水体。总体水质为轻度污染，污染属综合型有机污染，主要污染指标为化学需氧量、氨氮和总磷等。

（二）生态环境状况

2014年各县（市、区）生态环境状况指数在64.80~71.99之间，生态环境质量级别为良，植被覆盖度较高，生物多样性较丰富。从生态环境状况指数看，宝应县、仪征市、江都区生态环境状况指数值升高，主要是水网密度指数和环境质量指数的提高所致。市辖区和高邮市指数值略有降低，主要源于植被覆盖指数和生物丰度指数的降低。

三、森林城市景观初显，水文化底蕴丰厚

扬州是我国东部典型的宜林资源相对较少的平原水网地区，境内以平原、低丘、湿地等生境类型为主。2005年扬州市全面启动"让森林走进城市、让城市拥抱森林"建设，通过规划建绿、沿路植绿、沿河布绿、见缝插绿等措施，城、林、水进行有机统一，形成"林城一体、林水结合、林文相融"的城乡一体的城市森林生态系统网络。在农村，侧重推动"成片造林"建设，围绕村庄绿化、绿色通道和高效林业等重点，大力开展城乡绿化工作，建成省级绿化

合格村1170个，打造沿路绿色通道4600多公里、沿水防护林带3200km，并已形成里下河地区、丘陵山区和沿江地区"三大板块"的高效林业网络（图6-7）。2015年，区域森林覆盖率达20%以上，城市绿化覆盖率超过40%。扬州先后建成了国家园林城市、国家卫生城市、国家环保模范城市，联合国人居奖城市等。

扬州有着2500年的悠久历史，是一座因水而兴的历史文化名城，水文化是扬州文化的灵魂所在，拥有历史悠久的大运河文化、因运而兴的漕运文化、独领风骚的园林水文化、美轮美奂的滨水建筑文化、底蕴深厚的治水历史文化、独特的水休闲文化。近年来，扬州市委、市政府将水视作城市发展最宝贵的资源、最独特的品牌和人民群众最基本的民生福利，确立了"治城先治水"的发展理念，以全国水生态文明试点城市建设为契机，系统推进"不淹不涝""清水活水""亲水近水""节水护水"城市建设，努力书写好美丽中国、美好江苏的秀美扬州新篇章。悠久深厚的历史水文化和特色鲜明的现代水文化潜移默化地影响着扬州人，公众爱水、护水、节水的理念不断提升，为生态大走廊的建设奠定了坚实的社会基础。

四、规划基础良好，未来建设利好

到2016年，扬州已规划建设4个10km²以上的生态中心和1km²的三湾湿地生态中心；完成了淮河入江水道切滩整治工程，切除高邮湖、邵伯湖行洪区域阻水浅滩总面积3万亩，消除了淮河行洪瓶颈；实施了300个重点减排

工程、59 个流域水污染防治项目，关停小化工小电镀企业 102 家；在淮河入江口和南水北调东线源头地区约 80km² 的先导区已完成 21 家船厂砂石场搬迁、100 万平方米的拆迁和环境整治；市人大以决议的方式对淮河入江水道上的"七河八岛"区域实施"四控一禁"；江淮生态大走廊已纳入到江苏省"十三五"发展规划、江苏省"十三五"生态环境保护规划，部分建设项目已列入国家和省"十三五"规划项目库。江淮生态大走廊规划建设工作得到了省及中央领导的批示肯定，大走廊建设的先期条件十分利好。

图6-5 三湾湿地公园

图 6-6 | 高邮湖湿地公园

图 6-7 清水潭森林湿地景观

第三节 重点建设——水绿并进，严治严控

根据《江淮生态大走廊（扬州）建设保护规划》，江淮生态大走廊（扬州）建设范围为北至扬州市界；西至苏皖省界、高邮湖、邵伯湖重要湿地西边界、京杭大运河西岸1km；东边界为京杭大运河、高水河、芒稻河、夹江东岸1km以及新通扬运河、三阳河及潼河两岸1km；南至长江，总面积约为1800km²。总体布局为："一带一廊"。"一带"为沿京杭大运河、高水河、芒稻河、廖家沟、夹江及周边湖泊水系、湿地形成的生态带，"一廊"为沿潼河、三阳河、新通扬运河、夹江形成的清水走廊。主要功能分区为："五大板块、七大亮点"（图6-8、图6-9）。"五大板块"即：宝应湖自然保护区、高邮湖国家重要湿地、邵伯湖重要湿地、"七河八岛"区域、长江大江风光带。"七大亮点"为：宝应湖国家湿地公园、界首芦苇荡湿地公园、清水潭生态中心、"七河八岛"生态中心（凤凰岛国家湿地公园）、江都"三河六岸"景观带、广陵夹江生态中心及夹江漫步生态廊道、三湾湿地生态中心。

一、建设目标

江淮生态大走廊扬州段建设坚持一次规划、分步实施，近期到2020年，中远期到2025年。建设总目标是建成长江和南水北调东线清水走廊、绿色走廊和生态安全走廊，再现"江淮三百里生态风光图"和"百里大江风光带"，成为展现美丽宜居新扬州的美丽长廊。

（一）近期目标（2016—2020年）

以南水北调清水通道为核心，以"七河八岛"生态保护区、高邮湖、宝应湖、邵伯湖、夹江等区域为重点，实施一批生态红线保护、河湖生态修复、流域水污染防治、造林绿化工程，到2020年，规划区域内公众生态文明理念显著增强，绿色发展水平显著提升，污染排放总量显著下降，生态环境质量显著改善，生态系统服务功能显著增强。

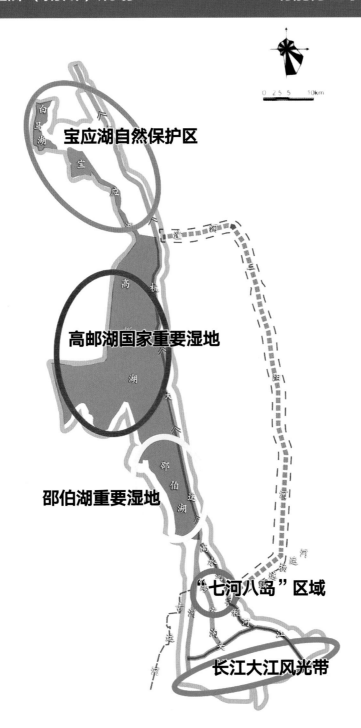

江淮生态大走廊（扬州）规划（2016—2025年） 功能分区示意图

规划大廊道总体布局为「一带一廊」。「一带」为沿京杭大运河、高水河、芒稻河、廖家沟、夹江及周边水域、湿地形成的生态带；「一廊」为沿潼河、三阳河、新通扬运河、夹江形成的清水走廊。

宝应湖自然保护区

高邮湖国家重要湿地

邵伯湖重要湿地

"七河八岛"区域

长江大江风光带

0 2.5 5　10km

图 6-8 江淮生态大走廊（扬州）"五大板块"图示

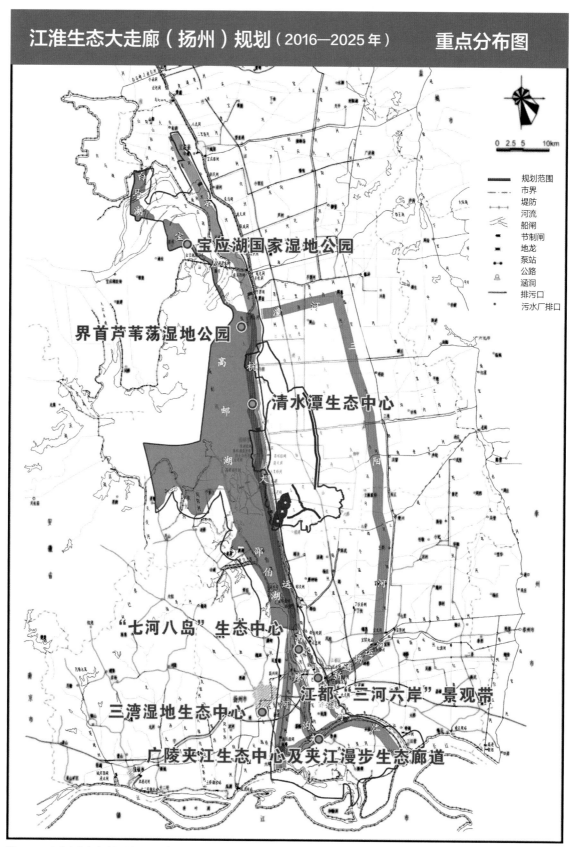

江淮生态大走廊（扬州）规划（2016—2025 年）　　重点分布图

宝应湖国家湿地公园

界首芦苇荡湿地公园

清水潭生态中心

"七河八岛"生态中心

江都"三河六岸"景观带

三湾湿地生态中心

广陵夹江生态中心及夹江漫步生态廊道

规划范围
市界
堤防
河流
船闸
节制闸
地龙
泵站
公路
涵洞
排污口
污水厂排口

0 2.5 5　　10km

图 6-9 江淮生态大走廊（扬州）"七大亮点"图示

区域水环境质量持续改善。集中式饮用水水源水质达到或优于Ⅲ类比例可达100%，地表水市控以上断面达标率达到80%、达到或优于Ⅲ类比例可达75%，空气环境质量优良率达75%以上，城市建成区黑臭水体基本消除，南水北调输水廊道和淮河归江水道水质稳定优于Ⅲ类。

生态保护和建设取得显著进展。生态红线保护区域基本得到保护和恢复，到2020年，林木覆盖率达到25%，自然湿地保护率达到50%，区域内"林、水、湿地"占比达到65%，城乡污水和垃圾实现100%全收集、全处理，建成高邮湖、宝应湖、邵伯湖等湖泊涵养功能区，生物多样性得到有效保护，生态系统稳定性明显增强。

生态文明制度体系基本建立。自然资源资产产权和用途管制、损害赔偿、责任追究等制度初步形成，生态空间管控、资源环境区域补偿等制度更加完善，绿色政绩考核、资源环境审计等制度建设取得进展。

（二）中远期目标（2021—2025年）

继续推进生态大走廊建设，通过实施更大范围的环境治理、生态建设和生态修复，区域水环境质量明显改善，国土绿化建设成效显著，生态安全得到有效保障，生态文明制度体系不断完善，最终将江淮生态大走廊打造成清水走廊、安全走廊和绿色走廊，再现"江淮三百里生态风光图"和"百里大江风光带"。

二、主要任务

（一）严格生态空间保护

1. 落实区域主体功能区划

党的十八大以来，主体功能区战略已经成为我国优化国土空间开发格局，推进生态文明建设的重大决策部署。2011年，《国务院关于加强环境保护重点工作的意见》中首次提出"划定生态保护红线并实行永久保护"。十八届三中全会重点强调把划定生态保护红线作为改革生态环境保护管理体制、推进生态文明制度建设的重点任务。生态保护红线的划定已成为我国主体功能区建设的重要内容。

落实国家和江苏省主体功能区划，实施《扬州市主体功能区实施规划》，明确区域主体功能定位、开发方向和开发强度，实施区域开发政策，强化江淮生态大走廊区域空间管控。明确禁止开发区域、限制开发区域准入事项以及优化开发区域、重点开发区域禁止和限制发展的产业，重点生态功能区实行产业负面清单。科学合理布局和整治生产空间、生活空间、生态空间，促进人口、经济、资源环境的空间均衡和协调发展。主体功能区划图如图6-10所示。

（1）优化开发区域。主要分布在广陵区和生态科技新城，本区域重点发展现代服务业和高新技术产业，推进产业结构向高端、高效、高附加值转变，提高经济开发密度与产出效率，率先形成集约型经济增长方式。加快发展现代服务业，促进服务业发展提速、比重提高、结构提升；大力发展拥有自主知识产权和自主品牌的高新技术产业；限制传统工业发展规模，

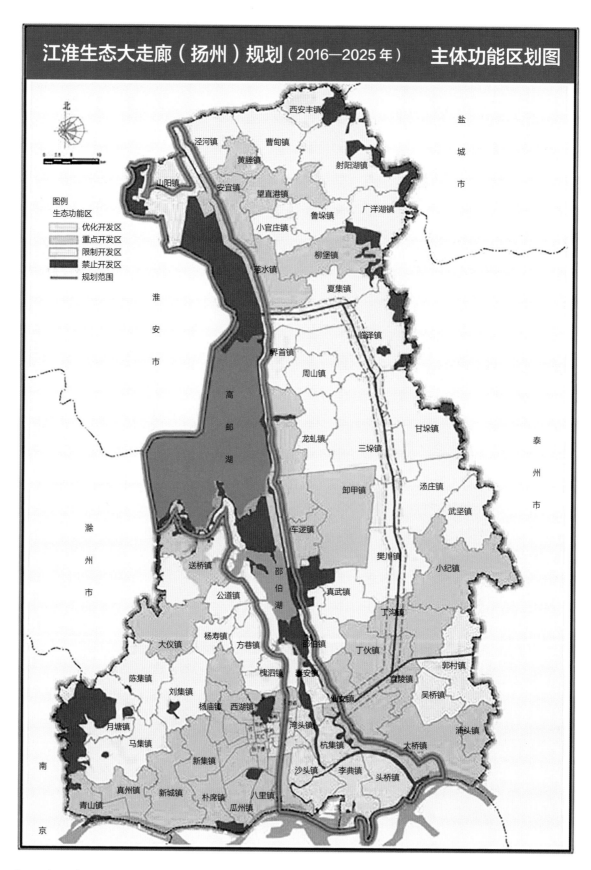

图例
生态功能区
优化开发区
重点开发区
限制开发区
禁止开发区
规划范围

图 6-10 扬州江淮生态大走廊主体功能区划图

禁止污染型工业企业进入。提高城市（镇）的综合承载力，增强人口集聚功能，形成与经济规模相适应的人口规模，建设成为全市人口、经济最为密集的区域。

（2）重点开发区域。涉及扬州经济技术开发区、邗江区以及点状重点开发区域高邮市和宝应县等区域。本区域重点发展先进制造业和服务业，依托经济开发区和镇域工业集中区，促进产业集群发展，引导制造业项目向重点开发区域布局，壮大经济规模，促进产业结构合理化。完善基础设施和公共服务，增强城镇服务功能，推动产城融合发展，创造更多的就业岗位，为周边农村人口进入城镇创造条件。

（3）限制开发区域。主要分布在江淮大走廊的三阳河和环邵伯湖地区，涉及高邮市、宝应县、广陵区、邗江区、江都区。本区域重点发展特色优势农业，鼓励发展生态旅游、商贸等服务经济。因地制宜发展资源环境可承载的加工制造业，推进工业向有限的特色园区集中布局，实施点状集聚开发。合理控制开发强度和规模，加强生态环境保护和修复，保障地区生态安全，建设成为区域的重要农产品主产区和生态经济区。

（4）禁止开发区域。依法设立的各级各类自然文化资源保护区域，主要指自然保护区、风景名胜区、重要湿地、河流、水源涵养区等重要生态功能区和历史文化遗存。主要包括蜀冈—瘦西湖风景名胜区、清水通道维护区、饮用水源保护区、宝应运西自然保护区、邵伯湖、高邮湖、白马湖等。

2. 严守生态保护红线

严守城市开发边界、耕地保护和生态保护红线。科学确立城市功能定位和形态，加强城市空间开发利用管制，合理确定城市规模、开发强度和保护性空间，划定城市开发边界红线。强化耕地和基本农田保护，实行最严格的耕地保护制度，划定永久基本农田。推动城市新区和开发区紧凑建设，严格控制"七河八岛"等关键区域开发强度。严格实施城市蓝线规划管理，生态大走廊范围内城市规划区应保留一定比例的水域面积。生态大走廊区域内不得新建污染性项目，严格控制建设项目占用水域，实行占用水域等效替代制度，确保水域面积不减少。严格水域岸线用途管制，留足河道、湖泊的管理和保护范围，非法挤占的应限期退出。

区域内生态红线区域面积 871.18km²，其中一级管控区面积 151.22km²，二级管控区面积 719.96km²，涉及自然保护区、重要湿地、饮用水水源保护区、清水通道维护区等。进一步优化调整生态红线区域，强化刚性约束，落实管控措施，不断提升生态红线区域的生态功能。全面落实《扬州市生态红线区域保护规划》，加强生态红线区保护的监督管理，禁止擅自调整生态红线区域边界，限期清理现有不符合保护要求的建设项目，严肃查处在生态红线区域内违规开发建设等行为。实施生态红线一级管控区视频监控建设，逐步建立覆盖全市生态红线一级管控区在线监控网络体系。完善生态红线区域保护考核评估制度，强化生态补偿激励机制，探索建立生态红线退出机制，把考核评估结果与补偿资金挂钩。

3. 构筑绿色安全屏障

开展大规模国土绿化行动，持续推进"绿杨城郭新扬州"行动计划。在划定生态红线区域的基础上，以生态红线区域为骨架，构建区域"城边、路边、水边"防护林体系，建设区域的生态廊道，把各个生态斑块形成有机生态整体。

一是以京杭大运河清水通道维护区为穿引线，把邵伯湖、高邮湖以及宝应湖组成一条自南向北的生态走廊。分别在长江扬州段、京杭大运河扬州段以及高邮湖、邵伯湖、宝应湖堤岸营造水源涵养防护林带，其中长江防护林带宽200m，京杭大运河以及高邮湖、邵伯湖、宝应湖防护林带宽100m；重点对邵伯湖、高邮湖、宝应湖3km范围内全面实施"三退三还"，即退耕、退渔、退养，还林、还湖、还湿地，建设环湖的生态、景观、防护林带。

二是以三阳河为穿引线，形成一条自南向北的区域东部生态走廊，贯通江都区、高邮市和宝应县。加强东部区域高标准农田林网建设，沿潼河、三阳河、新通扬运河、京杭运河5km范围内的农田林网配套。加强森林抚育改造，实施江都丁伙观光森林公园和东郊城市森林公园建设，全面提升区域森林资源质量。

三是加快建设有机串联城市、集镇和村落的绿色廊道体系，留足城市之间的绿色空间和生态缓冲带。河道两侧的非集中城镇建设地区控制50m绿带，城镇内部水系根据用地条件控制10~20m绿带。临城镇地段，营造风景林带，重点建设廖家沟风景林、京杭运河扬州段风景林、古运河风光带、润扬大桥北接线及西北绕城公路风景林、沿江大堤扬州段风光带、仪扬河防护林带、南绕城公路风景林带、宁启铁路扬州段防护林带、泰安凤凰岛风景林、瘦西湖蜀岗风景区、城市环城林带等建设项目，形成近8000公顷的城市森林生态网络。

四是完善高速公路、省道等主要道路绿色廊道建设。完善新淮江公路、京沪高速、安大公路、老淮江公路、沿湖大道、宝应氾水大道等道路的绿化，积极推进扬宿高速和省道611道路建设。

4. 推进生态中心建设

以保护生态、美化环境为前提，以造林绿化、湿地保护为重点，坚持因地制宜、彰显特色，构建全市类型丰富、结构合理、功能多样的生态中心体系，着力推进区域内"七河八岛"等生态中心建设，打造特色鲜明的江淮生态大走廊道的核心示范区。依托自身的区位优势、资源特色，实现错位发展和优势互补，丰富区域生态产品的供给，为推进江淮生态大走廊建设起到先行示范作用（表6-1）。

表6-1 生态中心规划建设情况表

名称	规划面积（km²）	建设内容
宝应湖生态中心	13.6	以宝应湖国家湿地公园为核心，依托原生态的湖泊湿地、水杉森林、地热资源，打造集生态与农业科普教育及有机产品、休闲度假等功能于一体的生态中心
高邮清水潭湿地生态中心	10.0	以原东湖省级湿地公园为依托，展示农耕文化、生态文化、水文化、绿文化，打造生态与文化并重、湿地与旅游结合的生态中心
江都仙城生态中心	22.0	依托江都现代花木产业园，按照"花木旅游"主题策划与开发建设，打造集产业观光、乡村休闲、花木交易、康居示范等功能于一体的乡村旅游集聚区
广陵夹江生态中心	12.2	依托夹江的水绿生态、现代农业的特色基础，以夹江风光带为核心、乡村旅游为特色，建设扬州的"菜篮子""鱼篓子"，打造集生态涵养、休闲旅游、农耕体验等功能于一体的生态中心
生态科技新城"七河八岛"生态中心	51.5	依托河岛湿地、栖养温泉、原乡田园等资源，打造集栖游旅居、健康养生、运动休闲等功能于一体的扬州城市生态中心
三湾湿地生态中心	1.0	运用现代手段体现扬州运河历史文化的遗存记忆，使其成为古运河旅游线中的重要节点，打造集生态保护、科普教育、休闲游览等功能于一体的湿地生态中心

1）加强水生态保护与修复

（1）加强饮用水源地保护。

开展饮用水水源地规范化建设，定期开展县级以上集中式饮用水水源地环境状况调查评估，深入实施饮用水水源地专项整治，全面清理保护区内的违法设施和排污口。加强饮用水源地的保护，关闭水源地一级保护区内与供水和保护水源无关的建设项目，依法清拆违章建筑和设施；禁止在饮用水水源保护区内设置排污口，对已设置的，由各县（市、区）责令限期拆除。强化应急管理，按照"一地一策"要求，完善突发性事件应急处置预案，加快应急水源地建设。全面实施现有水厂自来水深度处理工艺改造，新建水厂一律达到深度处理要求。到规划近期末，市县基本实现"双源供水"和自来水厂深度处理两个"全覆盖"。

全过程监管饮用水安全。实施从水源水到龙头水全过程监管，构建"水源达标、应急备用、深度处理、预警检测"的城市供水安全保障体系并加强考核，确保饮用水安全。定期监测、检测和评估本行政区内饮用水水源、供水厂出水、用户水龙头水质等饮水安全状况，每季度向社会公开。

（2）推进良好湖泊保护。

落实国家《水质较好湖泊生态环境保护总体规划》，开展高邮湖、宝应湖、邵伯湖等湖泊生态安全状况调查，分别对湖泊水生态健康、生态系统服务功能、流域社会经济影响等方面进行综合评估，实施"一湖一策"保护计划。严格湖泊水域岸线用途管制，切实做到在发展中保护、在保护中发展。实施高邮湖退渔还湖工程，白马湖、宝应湖水系连通工程。邵伯湖、高邮湖、宝应湖3km范围内全面实施"三退三还"，即退耕、退渔、退养，还林、还湖、还湿地。开展入湖河流环境综合整治，实施两岸截污工程。加大湖泊内源污染防治力度，落实扬州市生物多样性保护战略和行动计划，实施湖泊生物多样性保护，对列入国家、省级重点保护名录中的野生动植物开展全面调查，查清有关物种的分布范围、地理位置、居群数量、生态环境和濒危状况，实施生物多样性保护工程。建立健全湖泊生态环境保护长效机制，切实保护和改善湖泊水质，维持湖泊生态健康，积极推进高邮湖争创国家良好湖泊，宝应湖、邵伯湖纳入国家良好湖泊试点。

（3）加大湿地保护力度。

以规划建设"七河八岛"等八大生态中心为载体，积极推进湿地公园、湿地保护区提档升级，加快湿地保护小区建设步伐。着力推进扬州市高宝邵伯湿地保护区升级，加大对长江（广陵区）重要湿地、长江（三江营）重要湿地、邵伯湖重要湿地和长江朴席重要湿地等重要湿地，以及扬州凤凰岛国家湿地公园、润扬湿地公园、渌洋湖（江都区）湿地公园、高邮东湖省级湿地公园和扬州宝应湖国家湿地公园等的保护力度，建立湿地生物多样性的保护与管理专项计划，构建区域完善的湿地生态系统。

加大对退化湿地的恢复治理力度，抢救性保护高邮湖、邵伯湖、宝应湖和里下河沼泽等生态区位特别重要或受严重破坏的自然湿地，逐步扩大退耕还湿、退渔还湿、退养还湿范围，恢复被破坏的湿地生态系统，构建区域自然湿地保护网络体系。结合农业面源污染控制，构建功能完善的生态氮磷拦截系统。

2）提升污染防治水平

（1）深化工业污染防治。

开展区域战略环境影响评价，坚持"生态红线优布局、行业总量控规模、环境准入促转型"三条铁线，明确生态保护红线、行业准入红线、流域布局红线、城市扩展边界红线、城市空间布局红线、城市基础设施红线等"六线"底线，改善环境质量、控制水资源利用总量、能源利用总量、土地开发利用总量、水污染物允许排放量、大气污染物允许排放量等"六量"上限，协调重点行业资源能源利用总量和污染物排放量，实施生态环境和资源能源战略性保护。合理调节区域开发的规模和强度，系统评估区域中长期发展的生态风险和环境影响，建立区域环境战略性保护机制。

①优化空间布局。合理确定区域发展布局、结构和规模，充分考虑水资源、水环境承载能力。重大项目原则上布局在优化开发区和重点开发区，并符合城乡规划和土地利用总体规划。生态大走廊区域严格禁止石油加工、化学原料和化学制品制造、医药制造、化学纤维制造、有色金属冶炼、纺织印染等项目。

②严格保护生态空间。严格城市规划蓝线管理，城市规划区范围内应保留一定比例的水域面积。严格水域岸线用途管制，土地开发利用应按照有关法律法规和技术标准要求，留足河道、湖泊地带的管理和保护范围，非法挤占的应限期退出。严格环境准入，建立区域统一的产业"负面清单"管理模式，编制"产业负面清单"，以清单方式明确列出禁止和限制企业投资经营的行业、领域、项目。提高高耗水、高污染行业准入门槛。限制发展高耗水产业，严格禁止新建化工、电镀等重度污染项目。

③制定产业转型实施方案，加快产业结构转型升级。推进战略性新兴产业做大做强，区域内重点发展新能源、新光源、新材料、智能电网、节能环保等战略性新兴产业，培育高端装备制造、新一代信息技术、生物技术和新医药产业。升级改造船舶、机械装备、食品等传统产业。

④加快污染企业搬迁改造。区域内现有钢铁、有色金属、造纸、印染、原料药制造、化工等污染较重的企业应有序搬迁改造或依法关闭。建立落后产能提前主动退出的激励机制，加快落后产能和低端产品制造能力淘汰步伐。

充分运用法律、行政、经济等手段，建立落后产能常态化淘汰机制和淘汰落后产能企业名单公告制度。

⑤集中治理工业集聚区水污染。强化经济技术开发区、高新技术产业开发区、出口加工区等工业集聚区污染治理。全面推行工业集聚区企业废水和水污染物纳管总量双控制度，重点行业企业工业废水实行"分类收集、分质处理、一企一管"。集聚区内工业废水必须经预处理达到集中处理要求，方可进入污水集中处理设施。新建、升级工业集聚区应同步规划、建设污水、垃圾集中处理等污染治理设施，并安装自动在线监控装置。

（2）推进农业农村污染防治。

①加强水产养殖污染防治。合理确定水产养殖规模和布局，严格控制围网养殖面积，有序推进高邮湖、邵伯湖等退圩还湖、退圩还湿工程。鼓励采用生态养殖技术和水产养殖病害防治技术，推广低毒、低残留药物的使用，严格养殖投入品管理，依法规范、限制使用抗生素等化学药品，开展专项整治。开展池塘标准化改造，建设尾水净化区，推广养殖尾水达标排放技术，有效控制水产养殖业污染。

②防治畜禽养殖污染。按照"种养结合、以地定畜"的要求，科学规划布局畜禽养殖，合理确定养殖区域、总量、畜种和规模，以充足的消纳土地将处理后的畜禽废弃物就近还田利用。科学划定畜禽养殖禁养区，依法关闭或搬迁禁养区内的畜禽养殖场（小区）和养殖专业户。探索建立分散养殖粪污收集、贮存、处理与利用体系，提升工厂化堆肥处理规模，推

广高效液态有机肥生产技术，鼓励开展屠宰废水等农产品加工业废水无害化处理和循环利用。新建养殖场鼓励采取生物、工程、农业等措施利用畜禽粪污，自2016年起，新建、改建、扩建规模化畜禽养殖场（小区）开展实施雨污分流、粪便污水资源化利用。到2017年规模化养殖场（小区）治理率达到60%。

③控制种植业污染。全面推广农业清洁生产，建立连片绿色农业污染控制区，推动无公害农产品、绿色食品、有机食品规模化发展，从源头控制种植业污染。开展化肥使用量零增长行动，实行测土配方施肥，推广精准施肥技术和机具，推进化肥使用减量化。加大有机肥产业发展的支持力度，鼓励使用农家肥、商品有机肥，逐步增加农田有机肥使用量。开展农药使用量零增长行动，推广低毒、低残留农药使用补助试点，开展农作物病虫害绿色防控和统防统治，实施农药减量工程，推广精准施药及减量控害技术，减少农药使用量。敏感区域和大中型灌区利用现有沟、渠、塘等，配置水生植物群落、格栅和透水坝，建设生态沟渠、污水净化塘、地表径流集蓄池等设施，净化农田排水及地表径流。

④加快农村环境综合整治。实行农村污水处理统一规划、统一建设、统一管理，有条件的地区积极推进城镇污水处理设施和服务向农村延伸。深化"以奖促治"政策，实施农村清洁工程，开展河道清淤疏浚，推进农村环境连片整治，建设一批优美乡村，以点带面改善农村生态环境。

（3）开展水环境综合整治。

落实扬州市城市蓝线规划，强化城市黑臭河道和污染严重河道治理，实施城市河道清淤贯通，开展农村河流定期轮浚，沟通区域河流湖泊水系。实施控源截污工程，逐个核实区域河湖沿线排水口，关闭搬迁河湖沿线企业、养殖污染点源。科学实施重污染底泥环保疏浚，有效处理与处置疏浚污泥，避免二次污染；加强湖泊与运河内航运船舶污染防治，建立航运船舶油污水和垃圾收集处置长效机制。推进生态脆弱河流和地区水生态修复，定期开展重要河湖健康评估，建立健全区域水生态补偿机制。

加强输水干线平交河道污染防控。输水干线三阳河南北长约65km，南、北橙子河、高邮东平河、横泾河等众多东西向河流与之交汇沟通。需加强平交河道污染防控，输水干线平交河道不允许新增企业排污口，现有企业排污口在条件允许情况下逐步关闭，优化污水处理厂排污口设置，新建、扩建污水处理厂应充分论证对输水干线的影响。对南、北橙子河、高邮东平河等平交河道加密布点，提高监控力度。

三、重点工程

（一）产业转型升级工程

坚持把产业转型升级作为大走廊建设的治本之策。一是着力调轻调绿产业结构，重点发展新能源、新光源等五大战略性新兴产业，完成所有省级以上开发区循环化改造，创成省级以上生态工业园；提高产业环保门槛，除化工园区外，原则上其他区域一律不新上化工项目。

二是继续加大节能减排力度，力争实现污染排放强度和总量"双下降"；完成市区扬农化工等8家重污染企业以及沿江沿河和"七河八岛"小船厂、砂石厂搬迁；实施江都、高邮小化工、小电镀专项整治，切实做到关停一批、升级一批、进园一批。三是壮大发展现代服务业，每年坚持推进40个服务业重大项目开工，培育提升市级、省级服务业集聚区。

（二）清水活水工程

一是持续推进黑臭河道整治，确保城区全部消除黑臭河道。二是大力推进断面达标建设，实施槐泗河、古运河、仪扬河等水体整治，加强淮河流域、南水北调沿线和通榆河污染防治，长江干流扬州段水质保持优良，主要入江、入湖支流消除劣V类。

（三）良好湖泊保护工程

一是严格入湖排污管理，建立健全水质较好湖泊生态环境保护长效机制，实施入湖河流整治、截污控污和生态修复，增强湖泊自净功能，使湖泊水质稳定在Ⅱ类（Ⅲ类以上）。二是积极实施"三退三还"工程，扩大湖泊湿地空间，恢复湿地功能，维持生态系统平衡。实施渔民上岸、岸线生态修复和氮磷污染物拦截等工程，疏通洪泽湖、白马湖与宝应湖的三湖淮水通道，加快争取高宝邵湖泊群纳入国家水质良好湖泊生态环境保护试点。

（四）公园体系和生态中心建设工程

着力做好生态扩容的"加法"，进一步增加群众生态福利。一是加快实施公园体系"五三一"行动，分类推进市级公园、区级公园、

社区公园建设，紧扣2018年省运会、省园博会等重要时间节点，建设5大核心公园、50个社区公园、50个"口袋"公园。二是推进生态中心建设，沿输水廊道建设以"七河八岛"为核心的十大生态中心，严格生态中心的环境管理，逐步将生态中心由"点"连成"带"。三是大力修复生态湿地，新增受保护自然湿地面积，新建各类型湿地公园以及湿地保护小区。

（五）生态廊道和生态屏障建设工程

一是建设生态廊道，开展村庄、等级公路、高速公路出入口周边绿化提升。二是构建生态安全屏障，依托长江、京杭大运河、夹江、三阳河等主要水体，建设水源涵养防护林带，扩大森林、湖泊、湿地面积，加强高宝邵湖泊群与里下河湿地的水系通道建设，维护生态系统的连续性和完整性。对重要生态系统和物种资源实施强制性保护，建设长江珍稀动物栖息地，扩大"七河八岛"区域鸟类栖息地和迁徙通道。三是实施生态修复，对沿线区域船厂、砂石码头、仓储、混凝土搅拌场等搬迁后实施生态重建工程。

（六）农村环境综合整治工程

在江淮生态大走廊区域，协同推进村庄环境整治提升和覆盖拉网式农村环境综合整治，加快实现生态建设城乡区域全覆盖。一是严控农业面源污染，加大种植业、养殖业节肥、节饲和节药力度，开展生活垃圾、畜禽粪便、水产养殖污染和农业废弃物综合治理，实现农药化肥使用量明显下降，"三品"种植比例显著上升，畜禽养殖粪便综合利用率有效增加。二

是推进"美丽乡村"建设，在全市交通干线、旅游景区和生态中心周边优选50个中心村予以重点整治，打造一批特色鲜明的美丽乡村。三是疏浚整治县乡河道，"十三五"期间疏浚县乡河道933条、1138km，整治农村河塘4325条、1699km，同步落实"四位一体"长效管护措施。

（七）基础设施建设工程

以环境基础设施建设为支撑，着力提升江淮生态大走廊的经济和生态效益。规划建设北山污水处理厂、汤汪污水处理厂三期、空港新城污水处理厂一期、仪征经济开发区污水处理厂；完成扬州汤汪污水处理厂一、二期工程、江都清源、宝应仙荷、高邮海潮污水处理厂一级A排放标准提标改造工程；完善污水管网建设，保证污水管网覆盖范围内生活污水和工业废水全部进入污水收集系统，提高农村生活污水收集率与处理率，实现居民生活污水和工业集中区污水全收集、全处理；实施市区生活垃圾焚烧厂三期和餐厨废弃物处理厂二期扩建工程，新建宝应、高邮垃圾焚烧厂和江都、仪征、宝应垃圾填埋场，确保生活和餐厨垃圾实现无害化处置和循环利用。

（八）环境监管能力提升工程

实施全面的环境质量管理，实施分区、分级、分类、分期的环境质量目标差别化管理，完善环境监测、评估、预警和考核制度。建设环境大数据中心和综合决策系统、环境质量监测预警体系、环境风险源动态管理系统，采用GIS和GPS技术实现"一张图"管理，启动实施环境质量达标行动清单式管理，基本具备对重大环境问题的预警响应和环境质量监督考核能力，及时发布大走廊区域环境质量信息。

四、建设成果

（一）先导区建设成绩斐然

2014年，扬州市委市政府在筹划建设江淮生态大走廊的同时，决定率先把包括"七河八岛"区域在内的淮河入江口和南水北调东线源头地区约100km²作为先导区进行建设。

规划初期至2017年，扬州在先导区实施了江都水利枢纽环境综合整治、"七河八岛"生态中心、廖家沟饮用水水源地整治等一批先导工程，引领带动江淮生态大走廊的建设。先后完成39家船厂、砂石场搬迁，拆迁和整治环境面积100万平方米。目前，先导区凤凰岛国家湿地公园京杭大运河湿地恢复示范项目已基本完成，东方红升扬州石油发展有限公司和扬州江扬砼制品有限公司已实质性关闭到位，韩万河综合整治、廖家沟中央公园、大运河西岸生态修复工程、"三河六岸"景观建设、三湾生态中心、夹江生态中心等工程和项目正在实施之中。对于生态中心的保护，扬州市以市人大常委会决议的方式，对"七河八岛"生态中心区域实施"四控一禁"，保护效果显著。

（二）重点工程建设效果突出

扬州结合推进"263"专项行动，对大走廊建设同步实行"月调度、季督查、年考核"。近几年，各项年度项目和工程正在有序推进，各类重点建设成效显著。

1. 产业转型升级工程扎实推进

生态科技新城的东方红升扬州石油发展有限公司和扬州江扬砼制品有限公司、广陵蓝光精细化工厂及高邮光明化工厂等均已按要求停产或关闭，高邮助剂厂已停产，预计9月份完成搬迁；芒稻河沿线11家船厂、2家渔业养殖场关停评估工作正在开展，制定了拆迁补偿方案，已启动了部分拆除工程。

2. 清水活水工程进展明显

市区宝带河、安墩河、吕桥河、东长河、红旗河、念泗河、二桥河、高桥河以及广陵北洲中心排河、高邮南澄子河（西段）、香沟河（西段）、长生大沟、承志河等均已整治完成。

3. 良好湖泊保护工程稳步启动

高宝邵伯湖"三退三还"工作取得积极进展，已进入摸底排查和前期政策调研阶段，各地分别编制了2017年退养（圩）还湖工作指导意见，退还6.5万亩。同时，高邮运河西堤码头避风港扩建工程已竣工，已完成原金墩村198户渔民搬迁。

4. 公园体系和生态中心建设成效明显

凤凰岛国家湿地公园京杭大运河湿地恢复示范项目已基本完成；广陵区玲珑湾建设工程拆迁工作正在扫尾；邗江北湖湿地公园核心区规划已编制完成；江都区基本建成邵伯运河生态公园，打造出运河风情的特色小镇。

5. 生态廊道建设进展顺利

邗江区完成大运河西岸槐泗段船厂拆迁，并在大运河沿线团结村段实施了150亩的绿化工程，打造出生态农业林廊绿色产业示范区。同时，通过动员方巷镇沿湖村共260多户渔民集中上岸，创办特色渔家民宿，发展生态旅游，2017年实施全部到位；宝应县完成潼河6万平方米的绿化工程、宝射河风光带工程以及京杭大运河西岸10km环境整治工程；大走廊生态景观林建设完成植树1.54万亩，其中S611省道两侧造林2200亩。

6. 农村环境综合整治有序实施

市农委落实25处畜禽污粪综合利用项目，市水利局完成疏浚县乡河道43条，整治村庄河塘269条（面），并逐步完善河道"河长制"管理；市环保局制定了覆盖拉网式农村环境综合整治工程实施方案，并获省环保厅批准；2016年高邮市秸秆综合利用项目在设备调试阶段，现已成功开展实施；宝应县关闭山阳镇40户无证家庭养殖场。

7. 基础设施保障能力大幅提升

宝应氾水镇污水处理厂进入调试阶段，高邮海潮污水处理厂提标扩能工程完成开工。

第四节 时代诉求——迎接挑战，引领示范

一、大走廊建设的问题及挑战

（一）生态环境敏感，发展 VS 保护

扬州地处江淮两大水系下游，是南水北调东线工程的源头，生态极为敏感。此外，扬州河流众多，在清水通道北上过程中存在多条平交河道。因此，扬州地区的水环境质量对南水北调的水质影响较大，区域水环境敏感度高。清水通道的平交河道仍有不少为主要的纳污水体，水质较差，部分地区水生态功能呈下降趋势。历史上，扬州市里下河地区河湖众多，湿地资源丰富，但自 20 世纪 70 年代至 20 世纪末，围垦种植、挖塘养鱼，天然湿地减少，生态环境功能趋于退化，给行洪蓄洪、灌溉用水也带来了一定影响。因此，做好污染防治和监管工作，保证所有控制断面水质全部达到要求的水质，任务繁重。同时，扬州作为江苏省的中等发达地区，与苏南地区相比，产业结构优化步伐不快、科技人才支撑不足、新的增长动力有待增强、第三产业比重还有待提高，发展的任务依然较重，城乡区域发展不平衡的问题仍比较突出，如何在保护生态环境的基础上实现经济的快速发展，协调好经济发展与环境保护的关系，破解资源环境的约束，是扬州市面临的重要课题。

（二）治理任务艰难，区域协作薄弱

开展江淮生态大走廊建设跨区域、跨部门协调难度大。一是跨区域协调无机制，江淮生态大走廊水质受上游影响较大，其规划建设不仅要联合本省淮安、宿迁等市协同开展，还要争取安徽、河南相关市县的支持配合，共同抓好生态保护规划的衔接、跨区域产业布局优化调整、交界断面水质达标管理、水环境安全监管和预警等。目前，各省、市、县合理分担江淮生态大走廊规划建设责任的机制难形成、目标难统一。二是跨部门协调困难多，扬州江淮生态大走廊环境保护规划与我市国民经济发展规划、产业发展规划、城

市发展总体规划等规划对接的环节多、工作量大；江淮生态大走廊的建设用地与土地利用总体规划及耕地、基本农田保护红线之间的矛盾还需协调。三是利益纠葛多，企业关停并转和"三退三还"不仅事关企业业主、职工和养殖户自身利益，也影响乡镇和区县的工业产值和经济效益，同时大幅减少了出租地块的村组集体收入，甚至对河道、湖泊管理部门经济利益也产生了影响，导致相关部门工作协调面临一定的阻力。

（三）资金显现瓶颈，工作推动力不足

根据《扬州江淮生态大走廊环境保护规划》，到 2020 年，江淮生态大走廊建设围绕生态空间保护、水生态保护、水污染防治、机制体制建设四大方面，将组织实施八大类工程 68 个项目，累计计划投资 293 亿元，其中需要区县财政投入、融资和企业自筹以及乡镇财政支出的资金占一半以上，基层压力较大。目前，大走廊先期工程主要是依靠地方政府财政自筹，各地各部门也在努力向上争取资金，但向上争取资金在时间上和数量上远远不能满足项目建设需要。如何充分发挥市场作用，吸引金融机构特别是政策性银行参与，推进江淮生态大走廊建设，鼓励和引导社会资本、民间资本参与大走廊建设，形成多元投入格局，是当前迫切需要重点解决的问题。

同时，在大走廊规划建设过程中，还存在一些具体操作层面的问题。比如说渔民上岸的问题。渔民上岸不仅需要解决定居问题，还要解决好上岸后的就业、社保、养老等问题；推

动企业关停并转、畜禽养殖和围网养鱼"退养"的同时，还要解决好相关人员的就业和社会保障；此外，"退养、退渔"还会对畜禽和水产品供应产生影响，甚至会引起物价波动，需在允分论证的基础上做好应对准备。需要若干政策和行政性措施配套，以保障群众利益、促进工程实施，目前政策研究和供给较为缺乏，成为影响和制约大走廊建设的重要因素之一。

二、未来提升计划

（一）建立协调共建机制

建设江淮生态大走廊，打造"清水廊道"，是南水北调东线沿线城市的历史使命，责任重大。江淮生态大走廊建设项目多、工作难度大、建设周期长，涉及多个部门、区县和功能区。目前，扬州江淮生态大走廊建设主要工作与"263"专项行动已基本融合，建议市政府在"263"专项行动领导小组中加设江淮生态大走廊职能，两块牌子一套班子。同时，在领导小组下建立专职办公机构，配足配强力量，尽快实质性运作，统一谋划研究整体工作策略，高效率、高质量推进各项工作。

（二）全面落实工作责任和考核机制

未来，扬州打算进一步落实市直各部门、各县（市、区）政府及功能区管委会主体责任，明确权限和义务，确保属地管理责任得到有效落实。按照任务分解要求，切实履行职责，明确分工，统筹协调，合力推进。各责任单位应按照规划要求，制定单项年度工作方案，分解

细化目标任务、时序进度，明确时限要求，落实工作保障措施，确保在规划时间内完成各项工作任务。健全党政领导政绩考核体系，细化考核指标，强化约束性指标考核，将生态大走廊建设考核结果直接与年度绩效、目标考核挂钩，形成上下一体的考核联动体系。实施市域主要河流生态补偿制度，合理设置上下游水质考核断面，开展双向补偿，使环境质量与区域经济效益直接挂钩，加快推动水环境质量的提升。

（三）优化提升建设规划

江淮生态大走廊已上升为省级战略，扬州将结合省级规划要求，一是在扬州《江淮生态大走廊（扬州）规划》的基础上，协调相关部门，组织多层次、多方面的专家研讨，集思广益，全面整合扬州市各类规划特色，努力实现"多规合一"，提升规划的生态文化内涵，进一步拓展思路，提高规划水平。二是主动与省级生态大走廊规划以及其他城市规划的衔接，提升扬州生态大走廊的系统性、完整性。三是优化重点工程和骨干项目，确保各类项目符合区域总体生态区能定位，改善与提升区域生态环境质量，充分发挥扬州建设的引导示范作用。

（四）理顺资金投入渠道

面临当前投入严重不足的瓶颈，扬州未来工作将着力于积极争取开拓生态大走廊建设自身投融资渠道并举解决。一是研究探索扬州的生态大走廊建设对源头地区水源地保护、产业结构调整、生态空间打造、新型城镇化建设等方面给予项目、资金、政策重点支持。二是探

索建立多元化投入机制，建立"政府主导、市场运作、全社会参与、多方投入"的融资投资渠道机制，采用PPP模式，广泛吸引社会资金，保障生态大走廊建设资金投入。三是推动国家层面尽快设立南水北调东线生态补偿资金机制，由省级财政和中央污染防治切块资金等对沿线城市水质保护进行重点支持。四是利用国家现有的生态奖励帮扶政策，多方位出击争取资金。目前国家在"良好湖泊""区域流域水环境整治""优美乡村""山水林田湖生态保护修复"等方面都有财政奖补政策，扬州拟积极申报，争取国家试点奖补资金，以补地方投入不足。

（五）推动扶持政策的制定

江淮生态大走廊建设涉及到土地空间布局调整、产业结构调整、湿地修复、良好湖泊建设、岸线防护以及污染防治等各个方面，直接关系民生，利益冲突多，矛盾大。扬州希望：

一是通过市政府协调多方力量，在土地、财政、税收、金融、物价、投资等各个方面得到各有关职能部门的帮扶政策支持和扶持。

二是通过市政府尽快研究出台扶持优惠配套政策，包括渔民上岸安置政策，养殖户清退补偿及就业安置政策，退耕还湖农民补偿政策，有关企业搬迁和项目关停补偿及职工的安置就业政策，保障失地、失水、失业群众生活水平不下降。

三是积极培育新型产业，让群众能够顺利再就业，依托良好的生态资源，提高生活质量。

三、创新环境治理——探索流域治理，区域联防联控

在环境治理上，扬州总体思路虽然清晰，但治理过程仍然面临诸多挑战，例如，治理手段仍显单一，总体上表现为点源治理多、面上保护少；单一污染物治理多、多污染物协同治理少；局部治理多，区域联防联治少，水环境质量整体改善的效果尚显脆弱。

解决环境问题，"头痛医头、脚痛医脚"，难以取得很好效果，扬州按照习近平总书记"山水林田湖草是一个生命共同体"的观点，遵循生态系统的整体性、系统性及其内在规律，进行整体保护、系统修复和综合治理。近年来，扬州以"治城先治水"为契机，着力打造南水北调"清水源头"，源头水质持续改善，实现了"清水北送"目标。

扬州以建设江淮生态大走廊为示范，促使其他沿线各市联动合力开展江淮生态大走廊建设，更好地集聚要素资源，形成发展合力、治污合力；在全区域探索采取更系统的思路、更科学的方式、更对症的手段实行多污染物协同控制和多污染源联动治理，推动大走廊区域实现环境污染联防联治和生态环境共建共享，努力形成改善区域生态环境质量的整体效果。

四、开展生态实践——建设"新江苏"，打造美丽示范

江淮流域生态基底良好，境内水系发达、湖泊众多、生物多样性丰富，拥有许多运河非物质文化遗产。规划建设江淮生态大走廊，坚持生态优先，进一步彰显生态特色，放大生态优势，构筑起江淮大地的生态安全屏障，必将更好地推动"环境美"新江苏建设。

扬州从"十五"期间开始全面推进淮河流域和南水北调东线水污染防治工作，用了十多年时间实现了主要控制单元的稳定达标，经历了漫长的过程，也付出了高昂的代价和成本。仅高邮造纸厂887亩黑液塘的治理和北澄子河一沟西大桥断面的达标治理投入就达6.5亿元。历史的教训告诉扬州，如果只讲发展不顾环境、先污染后治理，不仅百姓遭殃，而且难以持续。在推进经济社会发展过程中，扬州不走"先污染后治理"的老路，尝试自觉平衡和处理好发展与保护的关系，坚定生态发展、生活富裕、生态良好的文明发展之路。

近年来，扬州坚持把"生态优先"作为区域规划和开发的第一原则，严守"产业门槛底线、空间布局底线、技术物流底线、执法监管底线、生态保护底线"的"五条底线"，着力控制有污染产业发展。虽然沿线地区历史遗留的产业结构偏重的问题仍未得到根本解决，化工、电镀、船舶等行业结构性污染仍较突出，产业转型升级的步伐仍较缓慢。但面对重重困难，扬州不畏不惧，坚持用生态文明倒逼产业绿色化和绿色产业发展，在保护好大自然赋予我们的生态家底为子孙后代和人民群众积累更多知识财富、提供更好生态福利的同时，努力将生态环境优势转化为经济社会发展的优势。

五、以行动促发展——大走廊建设日趋完善

扬州市印发出台了《扬州江淮生态大走廊行动方案》和《2017年扬州江淮生态大走廊行动计划》，明确了建设目标和任务。市委市政府成立了由主要负责同志共同担任组长的江淮生态大走廊建设领导小组，并明确由市政府常务副市长负责具体组织协调，同时建立相应的工作推进机制和责任体系，高邮、宝应等地也正在筹备大走廊建设领导小组，切实提高江淮生态大走廊建设的组织程度。高邮、宝应均编制了地区大走廊建设规划，江都制定了行动方案和年度计划，邗江、广陵区分别成立了当地"263"领导小组办公室，统一负责大走廊建设事宜。

市委市政府制定出台了《扬州市"263"专项行动和江淮生态大走廊建设考核办法》，建立了月调度、季督查、年考核的工作推进机制，由市环保局牵头对全市大走廊建设进展工作开展每月调度及季度、年度考核。将大走廊建设考核列入各地党（工）委书记和政府经济社会发展及生态文明建设考核重要内容，形成上下一体的考核联动体系。

2017年，在市委宣传部的组织下，新华日报、省级电视台及市级报纸、电视台、电台等媒体，密集报道江淮生态大走廊规划建设情况，其中央视新闻联播短时间内两度报道，人民日报及内参专题报道或刊发内部信息。中国社科院、清华大学、恒星航空航天集团等重要研究智囊机构也对扬州的"生态大走廊"建设工作给予积极关注，分别展开调研指导。浙江湖州市副市长带队专程赴扬州调研学习大走廊规划建设。"4.18"经贸旅游节期间，扬州市借助 WCCO 平台成功举办了江淮生态大走廊运河城市合作恳谈会，省环保厅领导、徐州、宿迁、淮安、泰州等4个城市环保局局长应邀出席会议，联合发表了《江淮生态大走廊运河城市合作框架共识》。通过不断升温宣传，生态优先、绿色发展的理念已为广大干部群众理解和接受，江淮生态大走廊建设的积极性、主动性和创造性不断提高，在全省乃至全国的知名度也不断增加，为争取突破资金瓶颈，争取外部融资做出了一定的贡献。

第五节 实例剖析——成果初显，前景可观

截至 2017 年年底，全市完成沿江生态景观带造林 1370 亩，完成大走廊沿线生态景观林植树 1.54 万亩，林木覆盖率超过 23.2%。建成连通 611 省道，完成环邵伯湖和 S611 成片造林 3120 亩，形成区域内重要环湖通道和骨干生态廊道，有效保障城乡生态安全屏障建设。完成 124 个行政村覆盖拉网式农村环境综合整治，建成 40 处以上畜禽污粪综合利用项目，全面关停搬迁禁养区畜禽养殖场点 800 余家。一大批环境整治工程和环保基础设施也在持续推进中。

【案例 6-1】 美丽样板实例展示——宝应生态中心

2012 年 11 月，党的"十八大"把生态文明建设摆在我国社会经济发展总体布局的高度论述，着力推进"绿色发展、循环发展、低碳发展"。绿色生态中心建设就是从自然环境、人居环境、生活模式、基础设施、经济发展等角度出发促进新型城镇化建设，是落实"美丽中国"战略的具体行动。为认真贯彻落实党的"十八大"和中央一号文件精神，以生态文明建设引领科学发展，扬州市委市政府决定，继续大力实施"绿杨城郭新扬州"三年行动计划，以造林绿化为突破口，以生态中心为抓手，要求每个县（市、区）按照"因地制宜、彰显特色"的原则至少建设一个面积在 10km² 以上的"生态中心"，切实推进生态文明建设，奋力开创"三个扬州"和世界名城建设新局面。

地处苏北平原的扬州宝应，虽无名山，但有湖荡湿地，生态环境极佳，时任国家文物局长单霁翔认为宝应是"苏北地区最具特色的水系生态城市"。自 2014 年提出建设江淮生态大走廊起，扬州发挥先倡先行的原则，一路带头，领先开展生态中心建设。宝应湖生态中心作为江淮生态大走廊七大亮点之一，以宝应湖国家湿地公园为核心，开展建设宝应湖自然保护区，着力打造宝应经济开发区。其在生态中心建设过程中立足湿地与森林资源保护，着力做好引"绿"、植"绿"、育"绿"、转"绿"4 篇文章，大力发展绿色经济，生态高效农业、绿色环保林业、低碳工业、生态旅游等绿色产业，坚持可持

续的发展观,综合运用生态学和景观学基本理论,科学处理保护与发展的辩证关系,通过新颖、独特的构思和科学合理的布局,努力创造出生态系统稳定、结构功能完备、人与自然和谐共处、区域特色鲜明的湿地与森林生态区域,促进生态环境保护与经济发展双赢,成为扬州江淮生态大走廊上一颗闪亮的明珠。

(一)建设基础

宝应县地处我国淮河流域的里下河地区,水网密布,土地肥沃,素有"鱼米之乡"之称(图6-11)。

宝应地处江苏省中部,夹于江淮之间,京杭运河纵贯南北,是扬州市的"北大门"。它东接建湖、盐都、兴化,南连高邮,西与金

湖、洪泽隔宝应湖、白马湖相望,北和淮安毗邻。全县总面积 1456km²,其中陆地占 66.7%,水域占 33.3%。县辖 14 个镇、1 个省级经济开发区、1 个省级有机农业开发区,人口 92 万。县域东西长 55.7km,南北宽 47.4km,总面积1468km²。

1. 交通

交通条件便捷,已形成了"江河湖相通、水公铁联运"的立体交通格局。京杭大运河纵贯南北,以京沪高速为主体,淮江复线、盐金公路、安大公路和金宝南线为骨架的 "四纵两横"高等级公路穿越全境。距新建成的苏中机场仅 40min 车程,过境的淮扬铁路已列入国家建设规划。

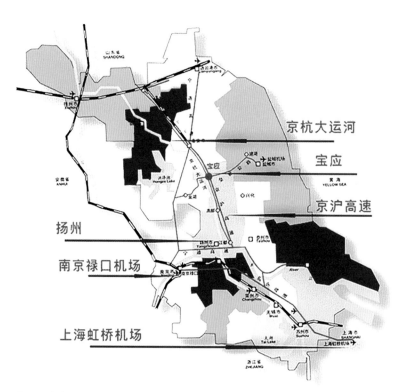

图 6-11 宝应区位图

2. 水系

境内河湖众多，水网密布。水资源总量约1.6亿立方米。有京杭运河、宝射河、潼河三阳河、芦氾河等42条主要河流，总长约652km。面积较大的湖荡有宝应湖、白马湖、氾光湖、射阳湖、广洋湖、和平荡、獐狮荡、绿草荡、三里荡，俗称"五湖四荡"约257.69km²。湖泊多属浅水、封闭型水体。滩地面积约73.4万亩，为里下河地区滩地最多的县份。全县水系以京杭大运河为界分属两个水系，西部属高宝湖区宝应湖水系，东部属里下河区射阳湖水系。高宝湖水系主要指白马湖、宝应湖及高邮湖一部分，射阳湖水系在境内汇水面积达1183.75km²。宝应湖地处淮河下游，南与高邮湖相连，西、北与白马湖相通，东与京杭大运河相望，是宝应域内最大的湖泊，宝应境内面积2180公顷，分布于宝应氾水、安宜、山阳等3个镇，呈长蛇形，南北长38.2km，东西宽300~1500m。宝应湖风光秀丽，水质良好，资源丰富，具有蓄、泄、滞洪和繁衍水产的功能。

3. 自然资源

宝应虽没有矿产资源和矿物能源资源，但土地肥沃，西有湖东有荡，湖荡密布，农业资源丰富，拥有丰富的大农业生产必需的自然资源，如水资源、生物资源等，是我国有机食品基地示范县，被授予"中国荷藕之乡"和"中国慈姑之乡"，素称"鱼米之乡"等称号。

水资源富足：全县平均年径流量3.67亿立方米，年际间变化大，变差系数达0.75。境内地下水资源较丰富，资源量约2.59亿立方米/年，可开采资源约1.68亿立方米/年，且水质较稳定。

生物资源丰富：境内现有的自然和人工植物种类繁多，植物约有564种，其中林类约173种、草类约277类、藻类约114种，如水杉、意杨、果木、荷藕、慈姑、芦苇、芡实、苦草等都有较高的经济价值，其中荷藕、慈姑产量占全国出口量的70%左右，药材有150多种。鲜藕产量和出口量均名列全国之最。全县野生药用植物305种，总蕴量3560t。境内野生动物中以小型脊椎动物和水生动物较多，全县水域面积较大，水生物资源丰富，盛产鱼、虾、螃蟹、龟鳖等水产品，其中鱼类有40多种，是全国水产品生产重点县。湖荡水质良好，生态优越，盛产野鸭、莒蒿等多种野生动、植物和水产品，其中鸟类有147种之多，东方白鹳等珍稀鸟类经常栖息宝应。

4. 行政区划与社会经济状况

宝应全县辖14个镇、一个经济开发区和一个有机农业开发区，269个行政村，总人口92万，国土面积1467.5km²。2012年实现地区生产总值326亿元，同比增长11%。财政总收入42.36亿元，公共财政预算收入20.71亿元；公共财政预算收入中税收收入16.61亿元，同比增长11%。城镇居民人均可支配收入19210元，农村居民人均纯收入11880元，分别增长14%和15%。

全县各项事业协调发展，三个文明和谐推进。生态文明建设取得阶段性成果，环境质量不断提升，国家级生态镇实现全覆盖。建成运东垃圾填埋场，城乡生活垃圾收集转运体系进一步健全。仙荷污水处理厂二期工程投入运行。积极开展绿化示范村创建，"美好城乡建设行动"，持续推进村庄环境整治，整治自然村庄2343个，创成"康居乡村"三星级10个、二星级43个，创建绿化示范村68个，建成2个湿地公园，建立2个市级湿地保护区宝应亚区、保护范围达407km²。先后荣获全国平原绿化先进县、国家级生态示范县等荣誉称号（图6-12）。

5. 生态状况

2012年，全年大气环境质量良好以上天数比例达97.4%，符合国家环境空气质量二级标准天数比例为96.99%；县境降水pH值在6.19～7.70之间，年平均为7.12，没有出现酸雨现象；县域内大运河、宝应湖和主要河流水质基本符合国家地表水Ⅲ类标准；环境噪声符合各功能区域要求，交通噪声达到国家相关标准要求；全县全年化学需氧量、二氧化硫排放量分别削减375.6t和63.9t，万元GDP能耗下降3.6%；农村饮用水水质卫生监测覆盖率100%，集中式饮水源地水质达标率90.9%；综合利用"三废"资源80.5万吨，其中植物秸秆37.2万吨，次小薪柴15.1万吨，综合利用产品产值达4.66亿元。积极开展湿地生态系统和生物多样性恢复与保护工作，荣获国家生态县和国家卫生城称号。在扬州创建国家森林城市中，作为典型接受国家林业局专家组的评估验收。

森林资源：截至2012年，全县森林覆盖面积42.85万亩，其中有林地32.58万亩，特灌林地0.81万亩，四旁树折合覆盖面积9.46万亩；全县林木蓄积量达168万立方米，森林覆盖率为19.54%，林木覆盖率为20.18%。全县区划省市生态公益林7.5万亩。

湿地资源：2012年，全县共有湿地46.7055万亩（含虚拟沟渠，水稻田除外），占国土面积21.22%，其中自然湿地（包括湖泊湿地、河流湿地）11.073万亩、占湿地总面积23.71%，人工湿地35.6325万亩、占湿地总面积76.29%。全县有湿地3类5型，其中自然湿地有河流湿地、湖泊湿地等2类3型，人工湿地有运河输水河、水产养殖场等2种类型。全县有河流湿地8.4225万亩，占湿地总面积18.03%；湖泊湿地2.6505万亩，占湿地总面积5.67%；人工湿地35.6325万亩，占湿地总面积76.3%（图6-13）。

图6-12 宝应县所获荣誉称号

图 6-13 宝应县湿地野生动物

（二）问题剖析

宝应湖湿地森林生态中心位于宝应运河以西，宝应湖以东区域，涉及安宜镇西刘堡和金湖渔业2个行政村（7个村组）和宝应湖国家湿地公园、县稻麦原种场、县食品农场等3家单位，总人口1889人，总面积20415亩。包括安宜镇2个村的7个组，1555人、9540亩；宝应湖国家湿地公园86人、8354亩；县稻麦原种场56户、248人、2300亩；县食品农场221亩。按地类分，林地6630亩和果园120亩、占33.06%，湖泊湿地6966亩、占34.12%，农地6056亩、占29.66%。区内森林湿地率67.18%。

但是，受经济社会发展影响和多年开发，生态功能保护矛盾日益突出，生态功能退化严重，导致生态环境脆弱。根据2012年统计数据分析，宝应对其生态中心建设需进行以下问题突破：首先，宝应湖及外围水域的水质恶化及养殖业的发展，使宝应湖水环境质量下降，并且仍呈下降趋势；其次，湿地生态环境破碎，水域周边植物群落单一，资源特色正在减弱；

第三，森林树种十分单调，绝大部分为杨树和水杉，地带性乡土树种很少。另外，园区服务设施建设还不完备，建设才处于起步阶段。

（三）建设目标科学

宝应湖湿地森林生态中心建设以大面积湿地生态系统和森林生态系统为主体，中心建成后，区域内有林地约12749亩、湿地约6966亩、农地约445亩，生态用地率将达到97.8%，森林湿地覆盖率可达96.5%，其中森林覆盖率达到62.45%，依托丰富的生物多样性、优美的森林景观，兼顾现代农业产业开发、生态文化科普和旅游休憩等多元化功能，充分展示运河文化和独特的里下河风情，打造融生态保护、科普教育、游憩休闲、提供优质生态产品等功能于一体的综合性生态服务中心。

此建设是宝应生态文明建设的重要内容，也是贯彻落实"十八大"和"十九大"生态文明建设的重要抓手，其建设目的旨在通过有序推进的生态中心建设，竖立全县林业生态建设样板，从而进一步提升宝应绿化造林、湿地保护等林业生态建设水平，为生态大走廊的建设和发展推波助澜，并为扬州市乃至全省的林业生态建设提供示范。

（四）建设理念优化

1. 运河与湖泊相连

举世闻名的京杭大运河是宝应的母亲河（图6-14）。运河宝应段绿树成荫，花草葱郁，生机一片，运河两岸有各类林木8000多亩近500万株，木材总蓄积量10万多立方米，是集绿化、

图 6-14 京杭大运河宝应段

美化、生态改善于一体，经济效益、社会效益和生态效益相得益彰的绿色长廊。宝应湖素有"小西湖"之称，国家湿地公园是宝应乃至扬州重要的生态保护区，拥有苏北规模最大、保存最好的水杉森林湿地和水质良好的宝应湖湖泊湿地，形成以湖泊湿地为主的湿地生态系统。将运河景观生态系统与湖泊湿地景观系统有机结合，以实现两大生态景观系统的物质、能量与生物多样性的相互交流。

2. 湿地与森林相融

宝应湖是淮河入江水道和南水北调东线工程输水河道之一，属于湖泊湿地，其中重点湿地超过 20 万亩，湿地的生物多样性具有无与伦比的自然价值，堪称长三角地区的"绿色之肾"（图 6-15）。湖泊湿地外围是连片 4000 多亩的水杉林和杨树林，共约 12 万株，其中水杉 2200 多亩，树龄均在 40 年以上，形成难得的森林湿地资源，也是极具特色的资源优势（图 6-16）。建设中依托现有湿地和森林资源，建设融湖泊湿地、森林自然风光为一体的，乡野气息浓厚、布局合理的湿地森林生态中心，以

呈现"林水相连、林水相依、水中有林、林中有水"的水乡特色生态画卷。

3. 林业与农业相映

发展都市型现代农业是城郊农业的现实选择，都市型现代农业主要特征是发挥农业的"生产、生活、生态和服务"功能，利用城市资源和城市需求来发展休闲产业，将生活于城市"水泥森林"之中的渴望生态自然、乡村田园的市民吸引到农村，维系城乡间流动的动态平衡。建设过程中依托生态中心特有的湿地自然景观、森林资源和产业特色，建设相辅相成的林业与农业发展布局，在充分发挥湿地森林生态系统优势的同时，建设和完善一批特色农业产业项目，进一步提高农业附加值，拓展农民增收渠道，使生态保护和现代农业发展相互映衬，提高综合效益（图 6-17）。

4. 人居与自然和谐

随着生活节奏的加快，人们越来越崇尚简单自然的生活，渴望住在自然和谐的绿色环境中。建设在生态环境维护的基础上，坚持"适居性""特色性"和"城乡一体化"的原则，将生态建设和居住环境的改善有机结合起来，并适应宝应现时的社会经济发展水平，统筹协调推进，以实现人口规模适度、人居环境优化、生态意识普及、创建布局合理、绿视高、舒适度较好、生态功能显著的人与自然和谐共处的美丽环境。

5. 生态与经济共赢

建设过程坚持可持续发展的理念，打造湿地森林生态系统、现代农业产业与休闲旅游的

图6-15 宝应县湖泊湿地实景

图6-16 湿地森林图景

图6-17 宝应生态农林园

交融，在政府加大对基础设施、环境整治等投资力度的同时，引导企业、社会参与宝应现代农业产业和旅游业的发展，在保证生态效益的基础上，以实现经济效应和社会效应的双赢。

（五）总体布局清晰

从生态中心的现有基础和建设要求出发，结合区域内的地形特征和功能安排，提出了"三片、三点、三居"的整体布局框架。生态中心总体布局空间效果犹如一只白鹭，振翅飞翔在宝应生态文明建设的大道上。

"三片"：即以宝应湖国家湿地公园为核心的湿地生态系统片区、森林生态系统片区和有机农业生产片区。

宝应湖国家湿地公园是久居喧嚣闹市、饱受废气侵害的都市人吸氧洗肺的首选之地，被誉为"苏中第一森林大氧吧"，获得了江苏省旅游行业文明单位、江苏省生态文明教育基地、江苏省自驾游基地、宝应湖国家水利风景区等称号和荣誉。

湿地生态系统片区和森林生态系统片区是生态中心的建设基础和发展重点。宝应湖国家湿地公园水清林幽，环境优雅，具有"水、绿、野、趣"四大主题和"水、岛、林、鸟"等生态要素，是绿色健康休闲旅游与农业观光的绝佳目的地。园内林木众多，水网密布，天蓝、水清、地绿，是一块难得的原生态净土。园区内现有林地近3000亩，其中40年生的水杉成片林达2200多亩，为了保护利用好宝应乃至苏中地区难得的一方"蓝天碧水"，宝应实施了更加严格的湿地和森林保护措施，未来也将为此继续不懈努

首倡江淮生态大走廊　精建和谐共生绿通道

力。有机农业片区位于核心区以南，是生态中心的功能提升和生态缓冲带，是在现有果园和经济林的基础上，引进种植优良经济林果树种，并结合林下种养和休闲采摘等项目，提高该区域生态景观效果和经济效益。同时，在现有温室大棚的基础上，结合土地资源条件开展有机稻米、大棚蔬菜、设施栽培等现代农业产业，减少污染排放，提高土地产出率，增加农民收入。

"三点"：即以青少年活动中心和白鹿岛大酒店为核心的生态文化科普服务中心；以现代农业产业技术和成果展示为核心的现代农业博览园；以经济林果采摘、销售和温泉度假为核心的休闲度假区。

"三居"即在现有居民点的基础上，选择三个有代表性的集中居住点，按照布局合理、设计科学、风格独特的要求进行规划、改造升级，引导农民转变生产方式、生活方式和生态意识。实现污染物集中处理、达标排放，促进生态中心区内居住区环境的改善。同时，结合不同功能区未来发展方向，打造成集休闲娱乐、餐饮服务于一身的环境舒适优雅、饮食卫生安全、消费合理、价格实惠的农家乐，并结合自然村落特点，在外装修、内装潢、餐饮、服务等方面充分体现乡土特色。

（六）重点工程实施

围绕生态中心建设总体布局和目标，结合现有资源，宝应将生态中心建设落实到八大重点工程：湿地保护恢复建设工程、森林生态系统建设工程、有机农业建设工程、生态文化科普与服务中心建设工程、温泉度假区开发建设工程、现代农业博览馆建设工程、特色居住区建设工程、绿道水网及配套基础设施建设工程。

1. 湿地保护恢复建设工程

1）建设范围

临湖路以西，宝应界以东区域，建设面积约6075亩。其人工湿地382亩、湖泊湿地4480亩、湿地植被恢复1052亩、白鹿岛景观带160亩。

2）建设内容

（1）人工湿地建设。

在宝应湖大区域范围内建设复合式湿地水处理系统，以宝应湖为水体净化主体，配以物理、生化人工湿地辅助处理设施，建设复合式湖泊湿地污水处理系统，实现多级联合处理。在园区的科普教育区，建设人工湿地水处理系统，对规划区内部分污水进行处理，节约园区污水系统建设费用。人工湿地水处理系统是由砾石、煤渣、沙和土壤等按一定比例组成基质，并栽种经过选择的水生植物，构成一个独特的动植物生态系统，当污水流过时，经砂石、土壤过滤、植物的富集吸收、植物根系微生物活动等多种作用，使水质得到净化。目前，我国应用较多的人工湿地污水处理技术主要有两种类型：地表流式[1]和潜流式[2]。

---

[1] 地表流式又称为渗流式，是把污水直接排进湿地，停留若干天后再排出的一种方法。这种方法成本及运行费用较低，但它的缺点是污水直接暴露在大气中，导致污水中的细菌等污染物直接通过气体散播，容易造成二次污染，而且在冬季由于污水易结冰而影响效果。

[2] 潜流式则是将污水通过管道输送到人工土壤介质中，在水床最低位运行，表面种植植物，类似微灌、滴灌，用这种方法处理污水，污染物去除率高、不孳生蚊虫、无臭味，而且在冬季也可以正常运行；另外，加上聚氯乙烯制成的防渗膜，还可防止污染地下水。

在该区域要最终形成以下几个景观区域和效果：①垂钓台。在湖边设置挑台及栈道，作为垂钓点。如果游人尚有余兴，还可以在港湾划船垂钓。湖中也设置垂钓小岛，可以乘船而至，在岛上垂钓。②滨水广场。在湖边临水设置滨水小广场和茶楼，提供休息场所。可让游人在游乐之余，一边观赏"水光潋滟晴方好"的美景，一边品茶休息（图6-18）。

（2）湿地植被恢复。

植物作为湿地系统中的一个重要组成部分，在污水净化过程中发挥着重要作用，因此，科学地选择植物种类是湿地污水处理系统能否高效运转的关键。

植物在湿地净化污水过程中的作用可分为直接净化作用[1]和间接净化作用[2]。对于湿地处理系统而言，选择合适的水生植物尤为重要。选择植物时考虑的因素很多，但主要考虑以下几个方面：①耐污能力强、去污效果好，湿地系统应根据不同的污水性质选择不同的湿地植物，如选择不当，可能导致植物死亡或者去污效果不好；②适合当地环境，湿地选择的植物还必须适应当地的土壤和气候条件，否则难以达到理想的处理效果；③根的发达程度，水生植物的净化功能与其根系的发达程度和茎叶生长状况密切相关，因此选择湿地的水生植物时，必须全面考虑它的根系状况。在正常运行的湿地中，污染物主要是靠水生植物根系表面

及附近的微生物去除的。一般而言，根系越发达，湿地系统的去污效果越好。选择根系比较发达、根系较长的水生植物，能够大大扩展湿地净化污水的空间，提高其净化污水的能力。

通过建设改造，在该区域要最终形成以下几个景观区域和效果：①荷塘芦荡。在湖面种植大面积荷花，湖边大片种植水生、沼生观赏芦苇，形成荷花盈满湖面，芦苇随风飞扬的自然野趣景象。深得"接天莲叶无穷碧，映日荷花别样红"之妙，而且芦苇苍茫，鸭鸣鸟啼，使游人可以感受到浓郁的水乡风光。②湖山舟韵（图6-19）。湖心白鹿岛，景色优美，是一处难得的自然景观。可在岛上局部地区堆土丘，改造现状地形地貌，丰富景观层次，这样既可以营造较好的景观效果，同时又可以避免汛期水淹的问题。③白鹭芦港（图6-20）。在湖心

图6-18 滨水广场和垂钓台景观图

图6-19 湖山舟韵图景

图6-20 白鹭芦港图景

---

[1]　直接净化作用是指当污水进入湿地，植物通过吸收、吸附和富集等作用直接去除污水中污染物。

[2]　间接作用是指植物能为湿地系统其他去除污水中污染物的过程提供有利环境，如向植物根区供氧、加强水力传导和维持通气状况等。

岛上,保护利用现有的大面积芦苇荡,落日黄昏,芦影横斜,美不胜收,形成一处极具吸引力的景点。白鹭在芦苇丛中,悠然漫步,使人想起"西塞山前白鹭飞,桃花流水鳜鱼肥"的诗句。

通常,挺水、沉水和浮水等水生植物多为湿地植物的首选。大型挺水植物在湿地系统中主要起固定床体表面,提供良好的过滤条件,防止湿地被淤泥淤塞,为微生物提供良好根区环境等作用。湿地植物对污染物都具有吸收、代谢、累积的作用,一般植物的长势越好、密度越大,净化水质的能力越强。目前国内外最常用的植物种类是芦苇、香蒲和灯心草。此外,黑三棱、水葱、香根草、茭白、薹草、小叶浮萍、池杉等植物也比较常用(图6-21)。

图 6-21 各类型湿地水生植物图示

2.森林生态系统建设工程

1）建设范围

临湖路以东，运河以西，新 S331 以南，润西路与刘堡路以北，建设面积约 10394 亩。

2）建设内容

（1）地带性树种保护基地。

林木种质资源是遗传多样性的载体，是生物多样性和生态系统多样性的基础，是林木育种中必不可少的繁殖材料，是林业生产力发展的基础性和战略性资源，在林业生态体系和林业产业体系建设中有着举足轻重的作用。建设地带性树种保护基地 210 亩，开展系统、持久地保护利用、引种驯化、生产开发研究，做到因地制宜，适地适树，保证植物正常生长并产生良好的生态效益，突显地带性植物景观特征。规划位置位于临湖路以东，新 S331 以南，正润路以北的临湖区域。基地建成后，收集、筛选出优质地带性树种 50 种，培育优质苗木 20000 株。通过合理的树种配置和景观提升，最终形成一片具有地方特色的地带性树种景观林。

（2）针叶景观林基地。

在生态中心现有树龄 40 年近 2200 亩的水杉林，其经过几十年生长和近几年保护和建设，已基本形成较为稳定的湿地森林生态环境和针叶景观林。它们林冠齐整，生机勃发，令人赏心悦目，流连忘返。依托现有资源，构建形成宝应湿地区域特色的针叶景观林基地 2814 亩。区域位置位于银杏大道以东，中心河以西，正润路以南，润西路以北。

建设景观林的具体措施是充分利用 2200 亩的水杉林，改造建设原有农田和苗木基地 614

亩，引种落羽杉、池杉、墨西哥落羽杉、中山杉、水松等针叶类耐水湿景观树种，搭配湿地松、日本柳杉、龙柏等较耐水湿的常绿针叶树种，形成独具特色的水上森林景观。

配套景观及休闲设施建设内容有：

①杉林水道（图 6-22）。充分利用原有林场保留下来的大面积水杉树林，林中铺设游步道，可供游人徜徉其中，体验优美的生态环境。

②花溪漂香。在园区南部，沿水系种植各种观赏价值较高的水生、湿生、陆生花卉以多姿多彩的花灌木和地被花卉，展现出一幅生动优美的自然画卷，使游人产生"伴溪繁花目难尽，绕水芳径送君行"的意境。

③景观林带（图 6-23）。原进入园区的主干道过于规整、笔直而缺乏变化，感觉呆板，通过在道路两旁的杉树林中适当增加耐荫的花灌木和观赏价值较高的地被植物等，并利用植物适当改变原有道路线型，营造出具有良好视觉效果的入口景观道路。

④森林木屋（图 6-24）。通过在林中适当设置小木屋、小亭等设施，打造出浓荫蔽日、水清林幽的森林奇景，林间小道体现出曲径通幽的意境。让游人充分享受返归自然，置身郊野之中的自由轻松和悠然自得。

⑤竹林听雨。对原有苗木基地进行改造，以竹文化为主题，以竹子造景为主，大量种植各种观赏竹类，形成一道"日出有清荫，月照有清影。雨来有清声，风吹有清韵"的优美风景。

（3）阔叶景观林基地。

阔叶景观区位于新 S331 以南，正润路以北，中心河以西，地带性树种基地以东，总面

图 6-22 杉林水道

图 6-23 景观林带

图 6-24 森林木屋

积 2867 亩，其中杨树成片林 2244 亩。原有景观林带树种以杨树为主，树种相对单一，景观效果、生态系统稳定性相对较低。引进广玉兰、香樟、冬青、石楠、女贞、枇杷、苦槠、蚊母、海桐、珊瑚等常绿阔叶树种，形成较稳定的含常绿树种成分的复层混交森林群落，增加树种的多样性，丰富森林绿景，改善林相结构，进一步提高森林生态系统的稳定性和景观质量。

将原有的 2244 亩杨树林以改造升级为主，通过间伐、疏伐，减少杨树比例，并增加优质阔叶景观树种等措施，逐步构建多层次混交森林群落。其余 413 亩农田及农田林网则通过合理配置树种，新建常绿阔叶树与松树复层混交林。

（4）绿化苗木基地。

建设绿化苗木基地 3345 亩，区域位置位于新 S331 以南，刘堡路以北，中心河以东，运河以西。主要建设内容包括：新建优良速生乡土树种苗木基地 1300 亩，树种以水杉、落羽杉、池杉、银杏、乌桕、栾树为主。营建绿化大苗 1000 亩，树种以朴树、榉树、广玉兰、七叶树、悬铃木、枫香、女贞为主。观赏花木 1045 亩，主要种植乔木、花灌木、常绿树等观赏树木、花卉和水生花卉，并配套建设植物造型、小型娱乐设施等，提升观光农业发展潜力（图 6-25）。

3. 有机农业建设工程

1）建设范围

有机农业建设工程范围：湖圩路以东，机场路以西，润西路以南，团结路以北，建设面积约 3946 亩。

图 6-25 绿化苗木基地

2）建设内容

（1）温室大棚基地。

在原有基础上改扩建日光温室大棚和全自动温控连体大棚共计 165 亩，大棚采用钢架结构和砖混网结构式，明顶或单体式明顶、大棚内采用自然通风和强制通风相结合，设喷、滴灌系统、大棚明顶采用弧形，最大面积接受光照，有条件可设置太阳能装置，解决大棚所需的能源。

除种植本地名优蔬菜外，还引进现市场需求量越来越大的保健蔬菜品种，如七彩小番茄、樱桃番茄、紫背天葵、小型保健南瓜等。此外，草莓、小型瓜果类也是重要的大棚作物品种。

（2）有机作物种植基地与有机水产养殖基地。

在食品安全成为社会广泛关注的问题和焦点的今天，有机农业和有机食品将面对前所未有的发展机遇。依托区域自然资源和宝应有机农业发展基础，将农业区南半部分建设成为有机作物与有机水产基地，基地以有机稻米、有机大闸蟹、有机莲藕等宝应地方特色品种为主。

（3）经济林果基地建设。

通过实用科技成果的推广应用，迅速提高经济林产量和效益。近年来，国家高度重视经济林建设，把发展木本粮油、特色经济林和林下经济作为加快林业发展的主导产业之一，出台了一系列政策措施，进行重点扶持，为我国经济林产业发展提供了强有力的政策保障。宝应在注重效益的前提下，大力发展经济林果规模化生产基地，搞好贮藏加工，做长产业链，大力培育壮大龙头企业和合作经济组织，全面提升了经济林果产业化、规模化水平。

4. 生态文化科普与服务中心建设工程

1）建设范围

主体区域位于临湖路以东，银杏大道以西，紫薇路以南，建设面积约 245 亩。

2）建设内容

生态中心不仅肩负着湿地森林生态系统保护、人居休闲游览方面的作用外，它还担负着极其重要的科普任务。生态中心面对游客特别是为广大青少年和在校学生开展有关森林生态方面的科普教育活动和动植物的标本展示。在湖边及水杉林中的适当位置设置鸟类观察监测点；局部利用湿地资源，尤其芦苇、沼泽等发展湿地生态净水，对湿地公园内部分污水进行处理，同时也开展湿地生态净水系统研究；结合现有青少年活动中心和大气观测站，开展湿地科普宣传教育活动，使游人充分了解和认识湿地，从而提高对湿地的保护意识；发展湿地生态系统保护与管理科学研究，建设湿地生态学术交流中心等。

主要建设内容：

（1）生态文化科普基地。

在青少年科普活动中心原有8栋1万多平方米设施的基础上，新建教学实验楼2栋3000m²、科普中心综合楼1栋1800m²和800m²钢结构风雨操场，并实施新建综合楼等建筑周边、风雨操场周边进行绿化和科普中心原有绿化提升。通过工程建设，扩大中小学生科普教育范围，改善训练基地，克服风、雨、雪等不利天气影响，同时，借助科普中心展览廊、放映室、湿地课堂、湿地生态链及功能展示等，让中小学生、游客比较全面地认知和了解湿地，从而提高人们对湿地及生态环境的保护意识。

（2）综合服务中心。

依托原有设施，建设综合服务中心。结合原有地形，建设各种必要的服务设施3栋4500m²。这一区域建设充分依据地形，在满足游人需求的前提下，设施建设以最小限度改变现状植被及地形条件为原则。

（3）特色科普点（图6-26）。

①观鸟屋：观鸟区内设置两层木质的观鸟屋，入口背对森林，朝向森林的一面留出较窄的条状窗口用来观察鸟类。观鸟屋尽量隐蔽，进入观鸟屋的道路在朝向森林的一侧，也应设一人高的木质隐蔽墙进行遮挡。

②桃花坞：利用原有的桃园，适当扩大面积，桃花落英缤纷、片林疏密有致，营造优雅静谧的氛围，游人穿行其中，令人心旷神怡，恍若身处世外桃源，流连忘返。

③忆苦思甜：利用原有林场保留下来的办公用房，用图片、文字等形式展示当年知青的生活与工作情景，加强对青少年的教育。

④科普中心：对园区原有青少年活动中心进行改造，借助园内典型湿地景观的保护或营造，通过展览廊、放映室、湿地课堂、湿地生态链及功能展示等，让游客较全面认识和了解湿地，从而提高人们对湿地及生态环境的保护意识。

⑤动物岛：在原有基础上进行扩建，游客可通过木桥进入岛内观看动物。对性情温和的动物如麋鹿，采用散养的方式，使游人可以近距离接触。临水建木栈桥，水面上放养各种水禽，以增强观赏效果。此外，在动物岛的植物配置上，注重春花秋色，并种植一些果树，从而体现动物岛的"生物多样性"

特点。

⑥凌波栈道：曲曲折折的木质栈道穿过水塘，游人可以信步其上，触手可及栏边亭亭的碧荷，俯身便可和鱼儿打个亲切的照面。

⑦湿地历险：在原有水稻田地块的肌理上进行适当改造，利用水塘和水生植物进行划分，形成岛墩密布、港汊纵横的蛛网状港道迷宫，开展水上迷宫湿地历险活动。

⑧水荡花田：利用原有鱼塘、水田等引种多种水生植物，如浅水、浮水、挺水植物等，成片种植水生观赏花卉，品种有荷花、芡实、莼菜、菖蒲、鸢尾、萱草等，形成水生花卉观赏片区。

5. 温泉度假区开发建设工程

1）建设范围

针叶景观林基地、地带性树种保护基地和经济林果种植基地交界处，将温泉度假区融入三个区域，形成别具特色的森林温泉休闲综合体。

2）建设内容

（1）基础设施建设

包括土地整理，到景区入口的非支线公路，围墙、绿化及地下管渠道建设整治，区内各场馆间道路、停车场、电力设施、供排水设施、消防设施、电信宽带设施、河道环境整治、森林生态游区步道、生态公共厕所、管理用房等；

（2）游赏接待设施建设

包括入口景门、广场、温泉山庄、温泉游泳馆、温泉水上娱乐中心、温泉度假别墅、温泉休闲会所等（图6-27）。

图6-26 特色科普点

图6-27 温泉度假区图景

6.现代农业博览园建设工程

1）建设范围

现代农业产业园区内，建设面积约50亩，将博览园建设与现代农业产业区内的高效设施农业示范基地相结合，相互补充，相得益彰。

2）建设内容

（1）高科技农业展示馆。

高科技农业展示馆内种植各类蔬菜、香草类植物、果树、花卉等。在这里奇花、异果、名木争奇斗艳，果蔬珍品琳琅满目，各类农作物长势一片葱郁。展馆广泛运用世界先进的农业生产设备和技术，玻璃大棚内采用地源热泵温控设施和湿帘风机降温系统，并安装雨水收集和自动化喷淋装置，使灌溉时间和水量得到精确掌握，为农作物打造着"永远的春天"。大棚采用自动内外遮阳系统，生产过程均采用电脑控制。栽培技术方面则广泛运用农业技术尖端的基质栽培技术、嫁接技术和立体栽培技术，充分展示现代农业新技术。在农业科技发展的今天，这些技术的示范应用可以对农业产业发展起到良好的促进作用，可以产生较好的经济、生态和社会效益（图6-28）。

图6-28 高科技农业展示馆图示

（2）农耕文化的展示馆。

我国种植农业历史悠久，而因自然条件的差异，长江下游地区成为种植水稻的发源地；耕种、渔、猎是我国先民生产的主要方式，也是农耕文化发源的主要载体。渔业、桑蚕、麦种等农业生产的始末时令都来自于"二十四节气"；由此，当地劳动农民进行着周而复始的农耕生产，从而形成了江南水乡的农家风俗。农耕文化展示区是现代城市居民了解农耕文化、体验农耕生活的好去处；在欢快的农作生活中，尽情享受农耕的丰收和成果；也是学生课外学习和爱国主义教育基地的活动场所。

（3）种植体验馆。

在绿梦田野中亲历一番种植体验,长见识、开眼界、懂农事、获农趣，会更加热爱感恩于抚育我们的这方水土。现在都市生活的人们，每天都在紧张而又忙碌地工作，在周末或休假的时候亲自动手体验一下农耕的乐趣，回归自然，品尝自己的种植成果（图6-29）则是非常惬意的事情。

（4）餐饮馆。

农博园有与众不同的生态餐厅，春夏秋冬让你怀抱在绿色生态中，"看苍翠森林、听鸟语莺莺、观奇花异草"，在这样的环境中与家人或朋友相聚用餐，充分体现了生活的美好与幸福。

7.特色居住区建设工程

1）建设范围

结合规划布局，依托原有自然村建设。

2）建设内容

结合规划功能区布局和生态中心自然村落

图6-29 现代农业博览园活动图示

位置，建设田园农庄、森林人家、果园飘香、花海庭院四个集休闲娱乐、餐饮服务、居住为一体的生态人居社区。

田园农庄：以现代农业为依托，以"生态农业、健康绿色"为经营特点，以现代科技、农业观光为特色，突出休闲娱乐、观光采摘、品种展示、农业生产等功能。

森林人家：以湿地森林生态景观为依托，以"生态森林，天然氧吧"为经营特点，以森林景观、森林游憩、户外拓展为特色，突出风景游览、科普教育、健身养生等功能。

果园飘香：以经济林果产业基地为依托，以"鲜果飘香，品味自然"为经营特点，以果品采摘、观光旅游为特色，突出观光旅游、鲜品采摘等功能。

8. 绿道水网系统及基础设施建设工程

1）建设范围

生态中心重要通道和沿运河、宝应湖堤岸区域。

2）建设内容

绿色通道以自然生态景观为特征，兼顾生态、景观和经济的多元功能。以当地的速生树种为主，结合园林绿化、经济林果等林种，乔、灌、花、草结合，并保证水系、地形肌理的完整性。种植方式因地制宜，采用绿带、规则式和仿自然式植物群落等植物配置方式，实现通道连线成网、花果飘香、环境优美。

水网系统建设以现有河道水网为基础，将内河水网节点连接贯通，使整个生态中心内水系形成联通的网络系统。运河边以码头形式形成水系连接，宝应河边以水闸、水泵形式形成水系连接。

（七）旅游开发创新

1. 重点旅游产品开发

1）湿地观光、观鸟生态旅游模式

以多样生物系统为基础，以多彩景观环境为背景，以多元游憩方式为依托，以多元收益方式为理念，以多重社会经济效应为目标的开发模式，最终形成人与自然和谐共生的可持续发展模式。规划区以环境保护、生态优化为主，同时开展一些对水体和生态环境没有污染或者污染尽可能少的运动、科考、观光等活动，以满足现代旅游者的各种需求；利用其地形多样、地域开阔、资源丰富的特点，在生态中心内开展各种参与性较强的、类型多样的观光、休闲、度假、娱乐、体育、科学考察、探险等活动。开发项目包括观鸟、水上体育运动、垂钓、捕鱼等活动。在特定区内将旅游度假村建成"湿地小威尼斯村寨""小渔村"或"单层式双层结构空中木楼群"。建筑的墙体、回廊、爬梯均采用木质结构，外层顶用当地盛产的芦苇做材料，室内陈列富有特色的传统器具或其他装饰品，放眼窗外则可见成千上万只白鹭与游客和睦相处的安宁和谐场面；而到了夏季，则让湖滨浴场成为最有魅力的旅游消暑去处，用别具风格的休憩环境吸引游客。

同时，结合宝应湖开阔的水面，开展具有观光、参与功能的旅游项目；欣赏风光旖旎的美景，看千帆竞发、渔帆点点、万鸟齐飞的壮景；参观捕鱼、湖泊水产养殖及猎野鸭等一系列生态旅游活动，满足游客的好奇心。依据湖中小岛，设高岸跳水、水上摩托艇、滑翔等运动区吸引众多的年轻人来此休闲、娱乐，以满足不同年龄层次的要求。

2）森林游憩、康体生态旅游模式

宝应湖湿地森林生态中心拥有 2200 亩树龄在 40 年以上的水杉林，被誉为"苏中第一水杉林"。这里杉林壮阔、湖水清澈，水杉林景象随着一年四季的变化而变化。众多游人乘坐木筏穿梭在杉林间，聆听百鸟争鸣，颇有一番情趣。结合阔叶景观林区、针叶景观林区和地带性树种保护区等森林生态区。在这片区域，无时无刻不让人感受到绿的存在，无时无刻不被郁郁苍苍、蕴奇积翠的森林景观所陶醉。人们在此可以尽情享受城市生活中难以寻觅的大自然情趣，使人忘却市井的喧闹，胸怀为之一畅。在森林旅游产品的定位上，生态中心以度假休闲、康体保健为森林旅游的主体，高品位的森林观光旅游产品为重点；兼顾发展森林探险等特种旅游。开发森林游乐、森林度假、森林探秘、森林野外体验、康体保健等多类型旅游产品，充分发挥森林的环境、保健、游憩、教育、科普功能。

3）农业观光、经济林木果实采摘生态旅游

模式

宝应生态中心结合原有的养殖水面发展淡水养殖业，螃蟹、甲鱼、龙虾等特种水产的养殖既促进了经济的增长，又为湿地生态旅游提供了丰富的观光农业资源，是游客开展水上垂钓、特种水产养殖、食水鲜、水上娱乐等水上旅游活动的最佳场所，给游人提供观光、娱乐、垂钓和参与农业生活的情趣。

4）科学考察、野生、人工种植水生植物生态旅游模式

生态中心丰富的动植物资源对教育和科研来说都是一种宝贵的资源，通过野生和栽培特有种相结合，积极培育高新技术产业，开办良种养殖场等方式较好地吸引国内、外学者来此进行科普旅游和科学考察，而宝应湖湿地丰富的菱角、芡实、茭白、莲等野生植物，也可满足游客种植、品尝野生绿色植物果实的需要，再加上水产品展览等活动，让游客真正领略到水乡泽国湿地生态旅游的乐趣。

以野营为代表的户外旅游活动深受广大青少年的喜爱，通过野外活动大本营、湖滨浴场（人造沙滩）、农家自助炊、儿童活动中心以及民俗茶舍与乡村酒吧的建设，充分发挥了开发野营自助游产品的市场潜力。

以科技农业体验为主题，依托于四季农业科技馆、生态农业园、花卉餐厅、花卉休闲吧、野生植物科普园和农业科技培训中心等项目建设，针对广大青少年和农业从业人员开发出多种农业科教与技术培训旅游产品。

5）其他特色旅游产品开发模式

（1）生态美食康体游：以有机农副土特产

品为原材料的生态美食越来越被人们所青睐，凭借自身的农业资源优势，通过生态美食园、水上活动中心与水上餐厅、花卉餐厅和花卉休闲吧建设，开发生态美食系列产品，并将其与康体活动相结合，有着巨大的市场发展空间（图6-30）。

（2）乡村休闲度假游：城市人群紧张的日常工作生活，非常需要使疲惫的身心得到放松，以此，通过乡村生态度假别墅、湖滨书院、精品农场、垂钓中心以及休闲度假设施配套的建设，发展短程乡村休闲度假旅游。

（3）家庭亲情假日游：宁镇扬地区针对家庭的主题旅游产品还较为缺乏，依托旅游区的整体建设，积极主动的发展以家庭亲情为主题的短程假日休闲旅游，取得了良好的经济效益。

（4）主题商务会议游：商务会议旅游以其高消费与高收益，正逐渐成为旅游市场上的热点和宠儿。随着旅游区服务设施和生态环境的改善，依托主题会议中心、农业科技培训中心、精品生态会所以及其他休闲度假设施建设，为中小型主题会务提供服务。

（八）效益可观

由于经济社会的快速发展，宝应湖湿地森林生态中心周边的宝应湖、高邮湖、白马湖承受的生态压力越来越大，该地区表现出严重的富营养化、生物多样性退化和湖床持续淤积等生态环境问题，成为区域经济可持续发展的瓶颈。面对生态系统的退化，继续深入开展实施生态中心建设十分必要。生态中心建设其地域条件具备，技术基础成熟，市场前景广阔，发展潜力较大。其建设借助都市农业、观光农业、生态旅游等，已经形成具有自己特色的"农游结合"模式，未来继续通过开拓观光、休闲、

图6-30 生态美食游图景

度假等旅游项目，以一产带动旅游，旅游推动产业经济，形成良性循环，推动整个区域经济发展，可实现"生态效益、社会效益、经济效益"三赢。对保护生物多样性、维持珍稀物种的延续和区域生态平衡，改善区域生态系统和农业生产及居民生活环境，确保南水北调东线工程的建设，促进地方社会经济的可持续发展，创建环境友好型社会都具有重要意义。生态中心建设符合国家生态建设战略，符合国家政策、法规，符合可持续发展战略，建设规模适宜，资金投入适当，生态、社会、经济效益可观，其建设不仅有着重要的现实意义和深远的历史意义，而且是必要且切实可行的。

1. 生态效益

生态中心建设包括造林绿化、湿地保护等，极大地改善了宝应湖及周边的生态环境，提高了区域环境质量，其建设带来了巨大的生态效益。

一是物种多样性、生态系统多样性保护得到加强。生态中心位于淮河入江水道附近，南水北调东线工程水源区，是禽类重要的迁徙与栖息地。以禽类为主的物种多样性在湿地系统得以恢复后，必将大量增加。物种多样性、遗传多样性以及景观多样性得到了更有效地保护。

二是改善水质，提供优质水源。通过湿地保护与恢复工程建设，使宝应湖湿地功能得以恢复，充分发挥了湿地降解污染物的功能，显著改善水质，为南水北调工程和沿线地区生产、

生活提供了优质水源。

三是改善区域环境，增强调节功能。通过湿地保护与恢复，通过造林绿化、观赏花木园、水果采摘园建设，丰富了生态中心景观，改善了生态环境；通过观光农业建设、都市农业发展，增强了生态中心调节功能。

2. 社会效益

生态中心建设有效地带动了当地如种植、加工、商业、服务业、运输业等相关行业的发展，加快了旅游业及现代生态农业的发展步伐，扩大了就业机会，社会效益巨大。

一是提供了可持续的生产环境。通过湿地保护与恢复、采摘园、基础设施等工程建设，为地方经济发展，工、农、渔业生产创造一个良性循环的生态环境条件，为地方的可持续发展提供动力，同时对湖区，乃至淮河流域的抗洪防灾，特别是对南水北调东线工程建设具有重要的现实意义。

二是树立了生态保护的样板。宝应湖湿地森林生态中心建设代表了经济较发达地区生态环境保护状况，是针对过度开发导致的生态环境破坏的恢复，实施生态中心建设有效地改变了生态状况，并为宝应湖湿地森林地区生态资源开发、利用、保护、生态系统改善等方面提供诸多可供借鉴的经验，树立了生态保护的样板和起到了示范带头作用。

三是美化环境推进了生态友好型社会建设。通过生态中心建设，从根本上遏制生态环境恶化的趋势，有效地发挥了生态中心的多种生态功能，不仅对保护南水北调工程的水源地，维持生物多样性，改善大气质量具有重要的意义，美丽的环境、清澈的水体、丰富的物种为当地居民提供了一个良好的休闲场所，并直接促进旅游业的发展，成为经济发展的动力。而良好的环境又可以促进招商引资工作，进一步促进地区经济发展。

3. 经济效益

生态中心建设的社会和生态效益远大于直接经济效益，特别是在净化、美化环境、提升环境质量等方面，但同时也具有相当的直接经济效益，如提速经济增长、带动新型产业、增加就业机会和提升城市形象等方面带来的直接推动作用。主要表现在以下几个方面：

一是促进了旅游业的发展。宝应湖湿地森林生态中心通过高宝邵伯湖，南连京杭大运河、古运河、瘦西湖、保障湖、廖家沟、茱萸湾凤凰岛等扬州主要风景旅游区，进一步接长扬州生态旅游链，进而促进宝应地区旅游业的发展。

二是改善投资环境。宝应湖湿地森林生态中心通过高宝邵伯湖与长江、京杭大运河直接相通，是南水北调工程的源头，京杭大运河又是东线输水通道，水源质量的提高直接减少了生产、生活用水的净化费用，节省了大量的水处理资金。特别是环境质量的提高，也进一步为招商引资创造了条件。

三是促进了资源开发。生态中心建设不仅改善了生态环境，同时也提供了相当可观的农副产品，如芦苇、木材、果品、药材、饲料。另外，林木、水生植物的生长大量消耗湖泥的营养元素，据测定，一吨湖泥相当于20kg复合肥，为农副产品的开发带来了可观的经济效益。

第七章

生态兴则文明兴
古今文明交相辉映

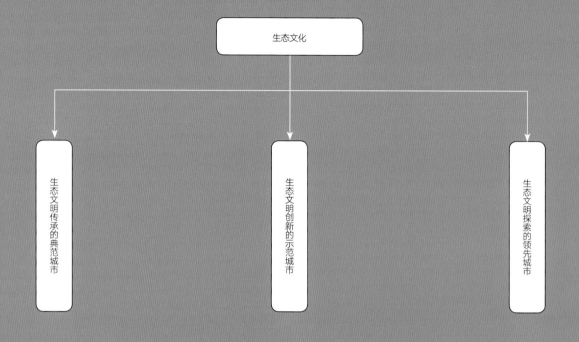

生态文化

生态文明传承的典范城市

生态文明创新的示范城市

生态文明探索的领先城市

　　生态兴则文明兴，建设生态文明是关系中华民族永续发展的根本大计，功在当代、利在千秋，关系人民福祉，关乎民族未来。

第一节 生态文明传承的典范城市

扬州是国务院首批公布的 24 座历史文化名城之一。扬州迄今已有近 2500 年的历史，曾是我国水陆交通的重要枢纽，东南地区政治、经济、文化的重要都会，对外贸易和国际交往的重要港埠，富甲天下的商业中心，是通史式的历史文化名城。市区现有重点文物保护单位 147 处，是一座人文荟萃，风物繁华的历史名城。因为有皇帝隋炀帝开凿的大运河，乾隆帝下江南的停留，又有诗人李白、杜牧流传广泛的诗句，让扬州处处散发出历史文化的韵味。历史和生态自古就是扬州市的两张名片，为此，扬州市对于历史遗存的保护也颇为看重。

一、历史遗存保护

（一）大运河申遗

2014 年 6 月 22 日，大运河成功入选世界文化遗产名录，这个消息让全国 30 多个城市为之欢呼雀跃，对于扬州而言，这更是一件值得载入青史的大事。扬州市不仅是大运河申遗的牵头城市，也是大运河的发源地。扬州市在这次申遗过程中立下了汗马功劳，当仁不让成为中国大运河申遗第一城。

扬州是一座与中国大运河同生共长的"运河城"，吴王夫差开邗沟，第一锹土是在扬州挖的，之后的隋炀帝全线开凿大运河，也是以扬州为中心，在邗沟的基础上进行南北扩掘和连接的，这就奠定了扬州在整个运河文化中独一无二的地位，同时也让扬州拥有了目前大运河上历史最悠久、最丰富、最复杂的河段。

扬州市在大运河申遗准备方面有"两个第一"，对申遗成功起了很大的作用。"两个第一"指的是，扬州是全国第一家出台地方立法对大运河进行保护的城市，扬州也是全国第一个建立大运河监测预警中心的城市。2011 年 10 月开始，受国家文物局委托，扬州率先建设了大运河扬州段监测预警平台，运用空间信息技术、视频实时监控等手段，给大运河装上"电子眼"，对影响运河遗产价值的各项指标全面监测。2013年，又在扬州段监测预警平台的基础上，开发了大运河遗产监测预警通用平台，并复制到大运河沿线的 31 个遗产区，并以统一的接口、统一的指标体系，向大运河遗产监测预警总平台上报监测数据，实现了大运河遗产全线的监测预警。

（二）大运河文化带

中国大运河自开挖至今已经成为中国最重要的文脉之一，积淀了丰厚的文化资源。现在，在长达 3200km 的大运河沿线，拥有 1100km 27 段的世界遗产河道和 58 处世界遗产点；大运河纵贯南北，连接 8 省 35 座城市和大量乡村，分布着京津、燕赵、中原、齐鲁、淮扬、吴越等六种不同地域文化形态，以及园林文化、戏曲文化、工艺文化、饮食文化、民俗文化等众多文化类别和非物质文化遗产。大运河就像一条金丝线，将一颗颗璀璨的中华文化明珠串联起来。大运河扬州段长约 150km，从北到南贯穿扬州全境。从地域分布来看，扬州段运河跨宝应、高邮、江都、广陵、邗江、经济开发区等行政区。

扬州市地理位置优越、历史遗存众多、组织经验丰富，在参与大运河文化带建设中，具有显著的优势。作为首批历史文化名城之一，扬州市将着力打造开放式的运河名城博物馆、运河文化产业和"世界遗产级"运河步道，以期建设一条以传承历史文化为核心的最富内涵特色的文化遗产带。

（三）古城保护

为了系统地保护大运河文化，扬州市划定了 5.09km² 的古城核心区，对核心区内的危旧房屋进行全面整治，并重点对个园、逸圃、壶园等 20 多处盐商老宅院进行修缮，还原古建筑的肌理和历史形态。此外，扬州市先后出台《扬州古城保护条例》和《扬州市历史名城保护规划（2015—2030 年）》，重新定义古城区保护和利用的范围。

扬州市划定的古城范围为：东至唐子城东护城河、黄金坝路、古运河一线，南至古运河、二道沟、荷花池、宝带河一线，西至宝带河、保障河、唐子城西护城河一线，北至唐子城北护城河、上方寺路一线，总面积约 18.25km²。其中，东至古运河、南至古运河、西至二道河、北至北城河的围合区域为明清历史城区，总面积约 5.09km²；扬州古城的其他区域为古城遗址区。此外，扬州市还在《扬州古城保护条例》中明确了相应机构的具体职责，规定了扬州历史文化名城保护规划的具体编制方法，提出具体的保护内容与措施，并将每年的 9 月 26 日为扬州古城保护日。2017 年 9 月 26 日是首个"扬州古城保护日"，扬州市古城保护办公室与扬州市建设局共同发布了扬州古城保护十大工程，这些工程是由广大市民在扬州市开展的 40 个古城保护工程中票选出来的，它们分别是：梅花书院修缮工程、绿杨旅社修缮工程、吴氏宅第修缮工程、逸圃修缮工程、汪姓盐商住宅修缮工程、东关街环境综合整治工程、扬州宋夹城遗址公园保护利用工程、阮家祠堂整修及阮元广场建设工程、街南书屋复建工程、扬州老城低碳示范项目。让市民参与到古城保护中来，实现了古城文化共建共享。

《扬州市历史名城保护规划（2015—2030

年）》系统研究了扬州市历史文化价值，提出了名城保护原则、规划目标和框架，明确了城市整体格局和风貌保护要求，确定了历史城区、4个历史文化街区的保护范围和保护措施。《扬州市历史名城保护规划（2015—2030年）》将扬州市域分成"一带、四片、多点"的文化遗产保护规划框架。"一带"：为大运河（扬州段）。"四片"：为扬州片区、高邮片区、仪征片区和宝应片区。"多点"：为各级文物保护单位等不可移动文物和各类历史建筑。市区则以京杭大运河（中心城区段为古运河）为主脉，串联扬州历史城市，邵伯、湾头、瓜洲、大桥四个古镇和沿线众多文物景点，构成"一带、一城、四镇、多点"的市区历史文化资源保护的总体框架。

《扬州市历史名城保护规划（2015—2030年）》（以下简称《规则》）是按照国家规范，在总结扬州历史文化名城保护成果的基础上，形成法规性规划，不少先进理念在规划中得到体现。如过去老城和瘦西湖风景区是分开保护，新规划将两者结合起来作保护，建立了历史文化名城、历史文化街区与文物保护单位三个层次的保护体系。唐城、宋三城、明清城是扬州三道古城轮廓线，《规划》首次提出"历史城市"的保护概念，延伸了之前三道古城轮廓线的内涵，旨在将隋唐以来扬州城的历史格局作为一个整体进行保护，既凸显了扬州"不断演进形成的历史性城市景观"的名城价值，同时也体现了当今国际古城保护的最新理念。此外，《规划》确定了三个保护策略。一是整体保护的策略，即保护整体空间格局。二是差异化保护的策略，根据不同的区域特征划定保护区及控制区，明确保护要求。三是积极保护的策略，通过用地调整、交通组织、展示引领等措施实现有机更新，维护历史城市发展的整体秩序。

（四）古井保护

如果把一座城市比作大树，地面上的建筑是树冠，地下的井就是树根。扬州多井，有"井城"之称，据不完全统计，扬州现存古井大约有300口，扬州名井有天下第五泉、玉钩洞天井、董井、蜀井、宋井、四眼井、玉井、板井、马监古井、七奶奶井、沙锅井、牛背井、流龙井、八卦井、青龙泉、桃花泉、教场四大井等(图7-1)。

水井在扬州，因其水质较优良、清洁度较高，取用方便，而在城市人民的生活中起过巨大的历史作用。但随着城市现代化的发展，今后不可避免地要被先进的取水方式所代替，大量的水井将被废弃，被填没。不过如果能在城市的改造和建设中有计划地保存一部分古井名泉，则不失为扬州一大人文景观。《扬州市历史名城保护规划（2015—2030年）》明确提出要保护古井、古桥梁等元素，可以看出，扬州市在打造历史文化名城、弘扬历史文化方面的决心与信心。

二、生态文明创建

除了古城修缮保护工作以外，今日的扬州在生态文明创建方面也取得了傲人的佳绩。扬州是全国首批24座历史文化名城之一，是中国首批优秀旅游城市、全国生态文明建设示范区、国家城市信息化试点城市、全国创建文明城市

图 7-1 扬州古井

工作先进市、国家卫生城市和国家环保模范城市,是联合国人居奖城市、中国人居环境奖城市、国家环境保护模范城市、中国和谐管理城市、中国文明城市、中国森林城市等。

（一）历史文化名城

1982年2月8日,扬州成为国务院公布的首批24个中国历史文化名城之一,这是扬州首个"金字招牌"。扬州城在汉、唐、清三度繁盛,唐朝时有着"扬一益二"之誉,城市人口高达60万,是举世瞩目的经济中心和国际都会。千百年来,历史在这里留下无数印记,富庶的经济与昌明的文化甚至影响着国家的运势。扬州之所以能跻身首批中国历史文化名城,丰富的文化遗存、深厚的文化底蕴是最重要的原因。此外,除了悠久的历史文化外,扬州市委、市政府对于古城保护的态度也是扬州当选首批中国历史文化名城不可或缺的一环。

（二）森林城市

2011年6月18日,在大连举行的第八届中国城市森林论坛开幕式上,全国绿化委员会、国家林业局正式授予扬州等8座城市"国家森林城市"称号,这是对一座城市生态建设的最高评价,这意味着扬州是一座被森林环抱的城市。古有"绿杨城郭是扬州",那是古人对扬州的赞美,而如今的"国家森林城市"则是时代对扬州的肯定。

（三）生态文明建设示范区

2014年,扬州市获得"生态文明建设示范区"称号,生态文明建设示范区创建是大力推进生态文明建设的重要载体,是加强生态环境保护的有力抓手。千年古城扬州以生态文明建设倒逼经济结构调整,建立健全生态文明建设的体制机制,用制度保护生态环境,坚守城市个性和特质,终获这一殊荣。

（四）联合国人居奖城市

联合国人居署从 1989 年开始创立"联合国人居奖"，主要表彰世界各国为人类居住条件发展作出杰出贡献的政府、组织、个人和项目，被誉为世界人居领域的"奥斯卡"。中国城市参与这一奖项角逐，必须首先获得"中国人居环境奖"，再由建设部向联合国人居署推荐。作为一个拥有128 万人口的古城，扬州市政府仅用 5 年的时间，就将从以前的简陋帐篷小镇改变成现在的一个干净、现代的城市。总共 7.7 亿美元的资金被投入到住房改造上，超过 14.8 万人民在市中心得到 3050 套新住宅，并且另有 33000 套经济适用房。市政府投资 20 亿美元改进建筑物的基础设施，并基本保证水、电和气。通过努力，扬州市于 2004 年摘得"中国人居环境奖"，又于 2006 年，荣获"联合国人居奖"这一称号。

第二节 生态文明创新的示范城市

一、实行最严格的生态环境保护制度

建设生态文明，是一场涉及生产方式、生活方式、思维方式和价值观念的革命性变革。实现这样的变革，必须依靠制度和法治。习近平总书记指出："只有实行最严格的制度、最严密的法治，才能为生态文明建设提供可靠保障。"当前，我国生态环境保护中存在的突出问题，大都与体制不完善、机制不健全、法治不完备有关。深化生态文明体制改革，必须构建产权清晰、多元参与、激励约束并重、系统完整的生态文明制度体系，把生态文明建设纳入法制化、制度化轨道。

（一）完善经济社会发展考核评价体系

科学的考核评价体系犹如"指挥棒"，在生态文明制度建设中是最重要的。要把资源消耗、环境损害、生态效益等体现生态文明建设状况的指标纳入经济社会发展评价体系，建立体现生态文明要求的目标体系、考核办法、奖惩机制，使之成为推进生态文明建设的重要导向和约束。要把生态环境放在经济社会发展评价体系的突出位置，如果生态环境指标很差，一个地方一个部门的表面成绩再好看也不行。2017 年 8 月，江苏省委办公厅、江苏省政府办公厅发布了《江苏省生态文明建设目标评价考核实施办法》；随后江苏省环保厅、江苏省统计局、江苏省发改委、江苏省委组织部发布了细化的《江苏省绿色发展指标体系》和《江苏省生态文明建设考核目标体系》，这也意味着在江苏省"绿色 GDP"正式纳入考核体系。扬州市作为一个生态文明城市，马上响应号召，召开相关座谈会普及《江苏省绿色发展指标体系》有关内容，并遵照指标体系，安排统计局、环保局等部门立刻展开数据统计工作。

（二）建立责任追究制度

资源环境是公共产品，对其造成损害和破坏必须追究责任。对那些不顾

生态环境盲目决策、导致严重后果的领导干部，必须追究其责任，而且应该终身追究。不能把一个地方环境搞得一塌糊涂，然后拍拍屁股走人，官还照当，不负任何责任。要对领导干部实行自然资源资产离任审计，建立生态环境损害责任终身追究制。

扬州地处长江、淮河两大流域交汇处，是国家南水北调东线源头城市，也是全国首批水生态文明试点城市，境内河湖众多，水系发达。由此，扬州市决定推行"最严河长制"，早在2010年，扬州市就开始推行重点河道"河长制"管理；2013年市、县两级政府先后出台了加强河道管理"河长制"工作的实施意见，全面推行河道管理"河长制"，形成政府主导、水利部门牵头、有关部门共同配合的"河长制"管护制度组织体系。"河长制"管理办公室设在市、县（市、区）两级水利部门，负责统筹、协调辖区内河道管理相关工作。省级河道、市级河道实行市县两级"河长制"，河长分别由市县两级政府领导担任；县级河道由县（市、区）级政府领导担任河长，乡级河道由乡镇政府分管领导担任河长；村庄河塘由所在行政村村民委员会主任担任河长。全市共落实河道"河长"2200人。此外，扬州市水利局等单位还曾在社区开展水法规宣传进社区活动，通过小品《"河长"的故事》、扬剧《我是河道监督员》、歌曲《情注水利》等节目表演，宣传"河长制"，让市民积极参与到河道环境监督工作中，让"河长制"实现效益最大化。

（三）建立健全资源生态环境管理制度

健全自然资源资产产权制度和用途管制制度，加快建立国土空间开发保护制度，健全能源、水、土地节约集约使用制度，强化水、大气、土壤等污染防治制度，建立反映市场供求和资源稀缺程度、体现生态价值和代际补偿的资源有偿使用制度和生态补偿制度，健全环境损害赔偿制度，强化制度约束作用。加强生态文明宣传教育，增强全民节约意识、环保意识、生态意识，营造爱护生态环境的良好风气。

对于生态空间划出红线加以保护在江苏早有探索。2004年江苏省就展开了相关研究和试点工作。2009年2月，江苏省环保厅公布了《江苏省重要生态功能保护区区域规划》并正式执行，按照规划，江苏省全省共划定了569个重要生态功能保护区。2013年，江苏在全国率先划出生态红线：确定自然保护区、重要湿地、饮用水源保护区等15类、779块生态红线区域，红线区域陆域面积占全省国土面积的22.23%。通过科学分类、分级管理，明确禁止开发或限制开发的要求。2016年，江苏省又将红线保护面积进一步增加1800km²。为了确保"红线"成"实线"，江苏省又补充制定了《江苏省生态红线区域保护监督管理考核暂行办法》，以及《江苏省生态补偿转移支付暂行办法》。

扬州的生态红线区共有11类，64处，其中自然保护区4个，森林公园5个，风景名胜区8个，县级以上饮用水源保护区11个，洪水调蓄区2个，重要水源涵养区1个，重要渔业水域1个，重要湿地7个，清水通道维护区11个，有机农业产业区9个，湿地公园5个。全市生态红线区总面积约为1325.2km²，占国土面积的20.11%。其中一级管控区域150.83km²，占国土面积的 2.29%。二级管控区域 1174.37,占国土面积的 17.82%。一级管控区严禁一切与保护维护主导生态功能无关的活动,二级管控区在不影响主导生态功能的前提下,可以开展一些对主导生态环境影响不大的建设开发活动。实施生态恢复修复工程,到 2020 年,确保划定的生态红线区得到有效保护和恢复。

此外,生态红线划定后,2014 年 12 月,扬州市就出台了《扬州市区生态补偿转移支付办法》(以下简称《办法》),《办法》规定,因承担生态环境保护责任而使经济发展受到影响的区域,将获得市财政提供的生态补偿转移支付。生态补偿机制是以保护生态环境、促进人与自然和谐为目的,根据生态系统服务价值、生态保护成本、发展机会成本,综合运用行政和市场手段,调整生态环境保护和建设相关各方之间利益关系的一种制度安排。主要针对区域性生态保护和环境污染防治领域,是一项具有经济激励作用、与"污染者付费"原则并存、基于"受益者付费和破坏者付费"原则的环境经济政策。《扬州市生态红线区域保护规划》中市区范围内特定区域,是生态转移支付补偿的主要范围,包括饮用水源保护区、清水通道、重要湿地。《办法》中详细规定了生态补偿金的考核和发放办法,这在全国和全省都是首创。

二、不断创新生态文明制度

(一)城市永久性绿地保护制度

扬州是第一个创新城市永久性绿地保护机制的城市。扬州市在国内首创以市人大常委会决议的方式出台永久性绿地保护制度,并且规定经确定的永久性绿化地块不得随意变动或改作他用,更不得进行经营性开发建设。

(二)探索开展林业碳汇计量监测试点

碳汇是和碳源相对比的概念,相关学者认为森林既是碳汇又是碳源,其与大气的生态互动中一方面吸收固定二氧化碳,一方面又会因人类的采伐烧荒等活动或是自然腐败释放二氧化碳,也就是森林中的二氧化碳流入大气中即为碳源,反之就是森林碳汇。而按照《联合国气候变化框架公约》,碳汇被定义为从大气中清除二氧化碳的过程、活动和机制。李怒云(2007年)认为碳汇概念的选择和应用,取决于碳汇问题研究的目的,将林业碳汇和森林碳汇按照属性进行了区别,认为森林碳汇属于自然科学范围,强调森林吸收并固定二氧化碳的过程,而林业碳汇既具有自然属性又具有经济属性,是通过造林或林地管理以及减少毁林等获得碳排放额度,并推进交易的过程、活动或机制。从自然科学的角度来看,林业碳汇本质上是在探讨森林生态系统的净第一生产力。中国宜林荒山荒地面积广阔,随着人们对生态环境的重视,林业发展速度加快,造林面积不断扩大,具有 CDM 造林碳汇项目所需要的土地资源优势。另外,对现有森林资源实施科学有效的经营管理,也将提高中国森林整体的固碳能力。中国发展林业碳汇产业具有广阔的市场前景。而进行碳汇交易,发展碳汇产业的第一步就是进行林业碳汇计量监测工作。

2016 年 12 月 6 日,中共扬州市委书记谢正义拜访国家林业局，汇报了全市植树造林和湿地保护等林业生态建设现状、主要做法及今后林业工作重点，同时提出扬州市将开展林业碳汇计量监测工作，寻求国家林业局的支持。这是扬州市首次提出开展林业碳汇计量监测工作，在随后的市委七届二次全会上，谢正义书记再次作出要求，并将开展林业碳汇计量监测纳入今年市委工作要点。

此后，在充分调研并在国家林业局的指导下，制定了《林业碳汇计量监测工作方案》。方案明确工作原则，确定了三大工作目标，一是估算区域总碳储量。以现有最新的林业调查监测数据或开展林业碳汇计量监测专项调查，测算出扬州市重要时间节点市域内林业碳储量，分析其组成结构和特征。二是估算区域近期碳汇量。基于过去的数据和最新调查数据，测算扬州市森林或某项内容在某一时间区间的碳汇量，并分析导致变化的原因和造林绿化、湿地建设所发挥的贡献。三是建立扬州碳汇计量监测体系。在完成前两项工作的同时，试点建立一套适合扬州林业特点的林业碳汇计量监测数据获取方法和模型参数体系，并建立定期报告林业碳储量和碳汇量的方法体系。结合扬州林业，明确了"实事求是、节俭高效、突出重点和先行试点"等试点原则。同时，根据扬州市林业资源最新监测情况，对林业建设增汇显著或类型碳密度（单位面积碳储量）占比大的森林植被或绿化类型进行重点监测，突出展示扬州市林业建设中关键类别在增汇减排中的贡献和作用。重点监测类型有生态中心、生态廊道、湿地公园、村庄绿化、公园绿化等。

最后开展调查，2017 年 3—4 月，扬州市林业局会同市园林局组织林业科技人员、村组干部和大学生村官，对全市林业资源进行了普查，摸清了底数。其中乔木：12195 万株，人均 26.51 株，其中珍贵彩色树种 4116 万株，占比为 33.75%，人均 8.95 株；古树名木：71 种 677 株，其中一级古树（树龄 500 年以上）22 株，二级古树（树龄 300~499 年）47 株，三级古树（树龄 100~299 年）573 株，名木 35 株；灌木：12.6 万亩，其中茶园 3.4 万亩，桑园 0.3 万亩，水果 6.6 万亩，玫瑰、黑莓、牡丹等特种经济林 2.3 万亩；湿地：大于 120 亩的湖泊湿地、沼泽湿地以及宽度 10m 以上、长度 5km 以上的河流湿地总面积 212.8 万亩，占全市国土面积 21.3%，其中自然湿地 123.1 万亩，占湿地总面积 57.7%，占全市国土面积 12.3%，人工湿地 89.7 万亩，占湿地总面积 42.3%，占全市国土面积 9.1%。

此举为未来碳汇交易、碳汇产业的发展奠定了坚实的基础，也为打造美丽中国的扬州样板添分加彩。

（三）最严烟花爆竹"禁燃令"

烟花爆竹在燃放时，会释放出硫化物、氮氧化物等污染物，也会释放出钾、钡、锶等元素以及砷、铅、镁等重金属。在环境容量较大的农村地区，其影响可能并不算大；但在人口密集的城区，其影响不可忽视。在春节期间，有些城市的 $PM_{2.5}$ 浓度会提高几倍、几十倍，严重的甚至会出现短时"爆表"情况。出于保护环境的考虑，扬州市出台最严烟花爆竹"禁燃令"。

2017年12月19日下午，扬州市正式发布《扬州市区禁止燃放烟花爆竹实施方案》。方案规定，自2018年2月1日起，扬州市以下区域将禁止燃放烟花爆竹：扬州市区廖家沟至壁虎河水域与京杭运河交界处以西，国道328以北，启扬高速公路以东，宁启铁路以南区域内。该禁放区域面积124.3km²，约占主城区面积的97%；禁放区域涵盖人口90余万人，约占市区人口的73%。除了这些区域外，下列未列入禁止燃放烟花爆竹的区域，但仍禁止燃放烟花爆竹，具体包括：文物保护单位；车站、码头、飞机场等交通枢纽以及铁路线路安全保护区内；易燃易爆物品生产、储存单位；输变电设施安全保护区内；医疗机构、幼儿园、中小学校、敬老院；山林等重点防火区；县（市、区）人民政府规定的禁止燃放烟花爆竹的其他地点（图7-2）。

从2017年12月18日市政府正式决定启动市区烟花爆竹禁放工作以来，扬州市有关部门在市烟花爆竹禁放工作领导小组的统一指挥下，强化使命担当，落实工作责任，以高度的责任感推进禁放工作。自2018年2月1日，最严"禁燃令"开始执行以来，扬州市已查处了多起违规燃放、运输、储存烟花爆竹案件。

（四）渣土车管理制度

渣土车多为重型自卸载货汽车，在城市发展的进程中，承担了建筑工地的砂石、泥土、建筑材料的运输任务，对城市的建设功不可没。由于管理手段及渣土车司机本身安全意识淡薄

等原因，随意倾倒、道路扬尘遗撒、超速行驶、野蛮驾驶、疲劳驾驶等问题频发，成为城市管理工作中的难题和焦点。

2010年9月下旬，扬州公路路政人员巡查发现，省道244桩号K26~K27段约4000m²路面遭泥土等残渣污染，正在清洁的养护工称，这是夜间经过的渣土车撒下的。路政人员找到"渣土点"负责人，该负责人承认错误，在路政人员监督下，摆放安全标志并组织了40多人清扫。但由于黏土受碾压，根本无法清除，公路部门调动清洗车共六小时才彻底清洁了路面。渣土车超速、闯红灯、超载、乱停、乱鸣、乱撒六项问题，是市民最头疼的。市交巡警部门统计，2008年以来，扬州市监控设备发现，外籍渣土车违章1.4万次、未接受处理的共有1万多次，处罚率仅为22%。这其中最主要的原因之一就是泥土遮盖了车牌。随后扬州市警方发布了《关于开展渣土运输车辆集中整治的通告》，首先限定了渣土车的集中整治范围。并开展了"市区渣土运输车辆百日集中整治"行动。规定渣土车采用"公司化"管理办法，上路必

图7-2 2018年春节，扬州市市区烟花爆竹禁放区域示意图

须持有"三证"，包括：城管部门核发的《渣土运输车辆许可证》、公安部门核发的《渣土运输车辆交通安全证》和《渣土运输车辆通行证》，并规定了渣土车的行驶时间及线路。

2017年以来，扬州市深入学习贯彻党的十九大精神，坚持创新、协调、绿色、开放、共享的新发展理念，为了打造美丽中国"扬州样本"，全面提升市民幸福感，扬州市开展了深入推进2017年城市环境综合整治接续行动，切实强化江苏省优秀管理城市长效机制，将加强扬尘污染防治、渣土运输管理作为重点工作之一。扬州市城市管理局与企业合作，搭建渣土车智能监管平台，通过北斗或GPS车载终端实时监控渣土车辆运行状态和车况，实时采集车辆数据，上传至渣土车智能监管平台，自动识别超速、超载、不按规定线路行驶、不在指定消纳场卸货等违规行为。同时，紧扣渣土"出、运、倒"全过程，对市区的工地、渣土消纳场和渣土车的实时、智能监管，渣土综合治理能力和服务水平大幅提升。

截至2017年年底，扬州市已为410辆渣土车安装了GPS定位智能监管系统，为渣土车套上智能管理的"紧箍"。通过渣土监管，渣土违规运输问题查处率100%，渣土扬尘污染从过去占比9.3%下降到7%左右，市区PM2.5均值较上年同期下降15.9%，渣土车重大交通事故数、死亡人数同比下降50%，通过提高政府对渣土车辆整体管理水平，扬州市为打造美丽中国"扬州样本"提供强力支撑与保障。

第三节 生态文明探索与实践的领先城市

生态文明在过去是扬州城市建设的根，扬州根植于生态文明思想，千年来保持着尊重自然、顺应自然、保护自然的态度和做法，扬州市历史积淀深厚，自古就有"绿杨城郭是扬州"的美称。历史和生态，这是扬州自古以来就拥有的两大特色、两张名片，生态扬州像一枚鲜亮闪耀的勋章，挂在千年古城的胸前。千年古城演绎"绿色崛起"，从生态自觉、生态自强迈向生态自信，挺起扬州绿色发展的脊梁。

生态文明思想在现代是扬州城市发展的指导思想，围绕生态文明思想，扬州的生态文明建设遵循国家政策，明确地方特色，制定合理目标，逐步开展，最后统筹全局、针对优化，建设方式可圈可点。一是建设路线基本没有偏移，始终把保护修复放在首要位置；二是以环环相扣、逐步提升的方式实现建设的延续性；三是不断创新生态机制，实现生态保护的刚性约束；四是注重生态文化的传承和弘扬，不断深入生态文明共建共享的发展理念；五是通过多做生态的加法，不做生态的减法，将生态文明建设融入到社会各界，动员起全员力量；六是实现阶段性成果展现，利用宣传推动创建信心；七是生态优先，绿色先行，建设发展自觉与生态相融等。

作为南水北调东线源头城市，扬州以"眼里不揉沙子"的坚定态度，持续改善生态环境，全力打造流域治理样本，让绿色成为扬州的城市底色、发展主色和鲜明特色，让生态成为市民的永续福利，努力打造美丽中国的扬州样板。"亲水城市水更清，绿杨城郭城更绿"，在"水"和"绿"的交融中，扬州市以打造"森林城市"和"水生态文明城市"为主抓手，秉承"治城先治水"的理念，积极开展水环境综合整治工程及森林城市建设举措。此外，绿色不仅是扬州的城市底色、鲜明特色，也成为发展主色，扬州市产业结构调高、调优、调轻、调绿，倒逼经济发展转型升级。扬州步履坚定走绿色发展路子，把生态贯穿在经济建设和社会发展的全过程中，取得了经济社会发展和生态文明建设的多赢，先后创成了国家森林城市、国家水生态文明城市、国家生态市。一块块"金字招牌"，镌刻着扬州人践行生态文明的清晰足印。至此，扬州市已经变成了一座现代社会中的"绿杨城郭"！

第四节 建设美丽中国扬州样板久久为功

美丽中国扬州样板建设是扬州全市人民群众共同参与、共同建设、共同享有的事业。扬州将一如既往地坚持生态文明宣传教育，牢固树立生态文明价值观念和行为准则，把建设美丽中国扬州样板化为全民自觉行动。生态文明建设只有起点，没有终点，永远都是进行时，扬州在生态文明建设的探索与实践道路上，将深入贯彻习近平生态文明思想，不断探索，积极实践。

生态文明建设对于扬州这座城市而言，更有着特殊的意义。生态和文化，共同组成了扬州的第一品牌、第一特色、第一资产。建设生态文明，是扬州各级党委、政府对人民群众的第一责任，是当代扬州人对子孙后代的第一责任，更是扬州这座长江运河交汇点、南水北调东线源头城市对全国人民的第一责任。要深入学习贯彻习近平总书记生态文明思想，牢固树立、自觉践行绿色发展理念，坚持把建设生态文明、推进绿色发展摆在全局工作的突出位置，以建设美丽中国扬州样板为主题，通过加快构建生态文明体系，到2020年建成国家生态文明建设示范市，确保到2035年节约资源和保护生态环境的空间格局、产业结构、生产方式、生活方式总体形成，生态环境质量实现根本好转，成为美丽中国更加靓丽的扬州样板。

后 记

　　2017 年 5 月，中共扬州市委谢正义书记在调研扬州公园体系建设时提出，要组织专门力量，对扬州古典园林艺术、现代公园技术、古典园林与现代公园融合发展的案例进行研究，努力构建一个以案例为支撑，具有扬州特色的全面性、系统性和开创性的现代公园、古典园林、技术艺术理论体系。其后，谢正义书记又多次召开专门座谈会，听取专家意见，逐步形成了研究方向，明确了编撰书单，对研究和撰稿工作提出了不少具体要求。为落实这一指示，市委、市政府专门成立丛书编委会及办公室，确定了牵头部门和责任人。邀请了上海交通大学、南京大学、东南大学、扬州大学、扬州职业大学等高校在内的多名专家教授参与丛书的编撰工作。书稿初步完成后，又邀请了住房城乡建设部、同济大学、华南理工大学、扬州大学等单位的专家（王香春、朱宇晖、唐孝祥、梁宝富、杨国庆、陶俊、罗云建、王晓春等）进行了数次审读，专家们几易其稿反复修改，终于成书。各牵头部门积极配合，为专家实地调研、文稿撰写提供了必要的条件，使丛书编撰工作得以顺利开展。中国建材工业出版社在获悉丛书编撰工作后，主动对接，配备了得力编辑人员，出版社领导参加了多项具体工作，提出了修改意见，确保了丛书的编校质量。编委会办公室所在的市建设局、扬州市历史文化名城研究院（中国名城杂志社）承担丛书编撰的联络接待等工作，为丛书顺利出版付出了辛勤劳动。扬州市城建国有资产控股（集团）有限责任公司以弘扬文化为己任，积极给予支持和配合。在此我代表丛书编委会一并表示感谢。

　　丛书出版后，希望业界多多给予批评，以便再版时进行修改，共同推动扬州公园城市建设理论体系更臻完备、更具操作性、推广性，为构建具有中国特色的公园理论与技术体系做出扬州应有的贡献。

扬州市人民政府副市长　何金发

2018 年 8 月 18 日